"十四五"普通高等教育本科部委级规划教材

FUZHUANG SECAI SHEJI
服装色彩设计

程冰莹　编著

中国纺织出版社有限公司

内 容 提 要

本书为"十四五"普通高等教育本科部委级规划教材。

本书以色彩理论体系为基石,着重从感性、艺术性的角度切入服装色彩。全书共七章,分基础理论和应用实践两部分,运用图片分析、演绎归纳等方法,对服装设计中的色彩语言进行全面叙述和分析。

本书既可作为高等院校服装专业课程教材,也可作为相关行业领域参考用书。

图书在版编目(CIP)数据

服装色彩设计 / 程冰莹编著 . -- 北京:中国纺织出版社有限公司,2022.9

"十四五"普通高等教育本科部委级规划教材

ISBN 978-7-5180-9797-5

Ⅰ. ①服… Ⅱ. ①程… Ⅲ. ①服装色彩—设计—高等学校—教材 Ⅳ. ①TS941.11

中国版本图书馆 CIP 数据核字(2022)第 156524 号

责任编辑:郭 沫　　责任校对:王花妮　　责任印制:王艳丽

中国纺织出版社有限公司出版发行
地址:北京市朝阳区百子湾东里 A407 号楼　邮政编码:100124
销售电话:010—67004422　传真:010—87155801
http://www.c-textilep.com
中国纺织出版社天猫旗舰店
官方微博 http://weibo.com/2119887771
北京通天印刷有限责任公司印刷　各地新华书店经销
2022 年 9 月第 1 版第 1 次印刷
开本:787×1092　1/16　印张:12.5
字数:218 千字　定价:59.80 元

前言

　　色彩是自然美、生活美、艺术美的重要组成部分，对于色彩的运用和研究，正如我国著名画家颜文梁先生所说："不外两种途径：一是属于科学的，是研究它的成因；一是属于感情的，是应用于艺术创作或装饰上的处理。"在人类漫长的历史发展进程中，在我们以视觉感受认识世界的感觉经验积累过程中，色彩设计始终伴随着历史的发展并与人们形影不离。"百闻不如一见"，色彩印象是视觉经验的重要来源，在任何时候，色彩总是在人们的物质生活、精神生活中发挥着诱人的神奇魅力。

　　服装色彩被视为服装美的灵魂。在服装艺术中，服装色彩信息传递最快，情感表达最深，视觉感受冲击力最大。随着时代的发展，人们的物质生活和精神生活品质不断提高，将越来越追求色彩的美感。而服装作为一种商品，必须适应市场需求，因此，对服装色彩的设计研究就显得很有必要。

　　本书以色彩理论体系为基石，着重从感性、艺术性的角度切入服装色彩，全书共七章，分基础理论和应用实践两部分，运用图片分析、演绎归纳等方法，对服装设计中的色彩语言进行全面叙述与分析。

　　第一章从服装与色彩的关系出发，分析色彩在服装设计中的重要性及特殊性；第二章从物理学角度介绍色彩的原理、色彩的混合、色彩的属性及色彩的体系，并且根据当代社会服装设计的数字化需求，认识计算机软件中的常用色彩模式，最后就颜料色彩的相关知识进行简明介绍，希望能帮助设计者更好地运用它们；第三章从生理学角度了解色彩的视觉理论，运用色彩知识解释色彩的错视现象，熟练运用色彩组合表现色彩的对比及同化现象；第四章从心理学角度出发认识色彩的性格联想、色彩的心理效应及风格与定位；第五至七章基于前四章的理论学习，结合大量的图片资料进行分析，主要探讨服装色彩的设计原则、设计方法及设计内容，系统深入地分析色彩设计规律，色彩如何与形式美法则结合，色彩如何与图案、服装风格以及面料材质结合，将理论联系实际，以大量图片为依据，从中具体分析色彩如何在服装中进行合理、有效的搭配使用；附录进入实践环节，用大量的实例，系统地展示如何设计出科学有效的服装色彩。该书将服装色彩理论和设计实例、分析相结合，试图使其既具独特创意，又内容全面，并富实用参考价值。

　　本书在编写过程中，力求做到内容精练、重点突出、通俗易懂、图文并茂，尽量适合服装专业院校的学习特点，希望能够对学生们及服装设计爱好者有所帮助，衷心期望广大师生和读者在使用过程中提出宝贵意见，不吝赐教。

编著者

2022年2月

目 录

第一章

服装色彩概述

教学内容
1. 服装色彩的概念与意义
2. 服装色彩的特性

课时导向
2 课时

重点
1. 服装色彩的概念
2. 服装色彩的特性

难点
服装色彩的流行性

课前准备
1. 准备与服装相关的彩色照片，如广告海报、店铺陈列、秀场图片等
2. 学习《服装画技法》，为本课程学习做好相应的准备

马克思说:"色彩的感觉是一般美感的最大众化的形式。"衣食住行中的"衣",与大众生活密不可分,所以,服装色彩成为大众审美的一个极其普遍及醒目的表现。服装色彩作为服装的四要素(款式、色彩、面料、工艺)之一,围绕着装对象、考虑服装款式,并指引服装面料肌理和图案效果的设计方向。

第一节 | 服装色彩的概念与意义

一、服装色彩的概念

服装色彩是以色彩学的基本原理为基础,在不同材质的面料上进行颜色设计的一门艺术。从远古时代开始,用色彩来装饰自身就已经是人类最原始、最冲动的本能。服装的主色调会给人留下非常深刻的第一印象,不同色彩的服装能体现出穿着者不同的个性特征和内心情感。一般而言,服装的色彩不仅是指服装上下、里外的色彩,还包括服装配饰的色彩。

服装色彩设计涉及的范围非常广泛,它以色彩学原理为基础,以服装为载体,需要考虑经济发展、文化艺术、民族传统;需要考虑服装造型、搭配饰品、着装环境;需要考虑市场环境、消费心理、流行分析。为此,认真学习色彩相关理论知识,熟练运用配色手法,将理性与感性结合,才能完成服装色彩设计的要求。

二、服装色彩设计的意义

(1)学习服装色彩设计,掌握色彩运用语言,能够自如地取色、用色和配色,在这个以消费者导向的市场,是市场的必然选择,对整个纺织服装行业都具有深远的意义。

(2)服装色彩设计可以完善色彩设计理论,成为服装时尚中的流行色预测师、服装生产中的色彩设计师、形象设计中的诊断师等相关工作者的配色指南,帮助服装色彩工作者提高配色工作效率、减少用色失误。

(3)服装色彩是服装销售过程中的重要影响因素,不同地域、不同年龄、不同市场对色彩需求必然不一致。学习服装色彩设计,能够帮助服装企业准确评估不同市场对各色彩服装的真正需求,合理规划各市场服装色彩的类别与数量的配置,提升服装的畅销量,具有一定的经济价值。

(4)服装色彩设计有益于消费者掌握服装的搭配技巧,提升个人的服装搭配能力和审美能力，为整个社会的着装质量助力。

三、教学要求与方法

　　服装色彩设计为了培养学生对服装色彩的审美能力，对服装色彩的搭配能力，对服装色彩的应用能力，进而形成对服装色彩的创新思维方式，具体的教学要求有以下几点：

　　（1）学习色彩三要素之间的关系，明确色彩的运用原则。

　　（2）熟悉服装色彩的运用法则，熟练使用色彩的审美搭配方法。

　　（3）熟悉服装面料、图案、工艺特点，使服装色彩的审美功能与实际运用结合。

　　（4）提高艺术修养，借鉴前人经验，启发创作灵感，来进行色彩情调的训练。

　　（5）以大量作业训练来强化学生的理解，体现理论与实践的结合。

　　教学方法以教师讲授、课堂辅导、学生练习为主，大量图片鉴赏、示范作业展示、组织观摩讲评为辅，通过实施各类专题的服装色彩训练来强化学习效果，有效体现服装的色彩美。

第二节 | 服装色彩的特性

　　有研究表明，人的视觉器官在观察物体最初的20秒内，色彩感觉占80%，形体感觉占20%，这也就是俗语常说的："远看色，近看花。"因此，色彩在服装艺术设计中的重要性是显而易见、不言而喻的，为了使服装具备更强的审美及市场价值，其色彩设计必然肩负其重要的使命，但服装不同于普通的纯美术作品，它的色彩要求具备自身的特性。

一、时代性

　　服装色彩的时代性，是指在一定历史条件下，服装所表现出总的色彩趋势、面貌、风格。服装的色彩可以说是历史发展的见证，中国古代的五行之说即认为朝代的更迭就是按照"五行相胜"的顺序来进行的。

　　而随着纺织技术的提高和织品布料的丰富，汉代服装染织工艺也有了很大发展，如图1-1，其色彩种类和配色手法多种多样（图1-1）。从出土的实物来看，汉代常用的矿物颜料就有丹砂、石黄、赭石、铅丹、大青、空青、粉锡、硫化铅、娟云母等十数

图1-1 色彩缤纷的汉代织锦

图1-2 唐敦煌壁画乐廷瓌夫人行香图

图1-3 刘宗古《瑶台步月图》局部

种。由于"五德"学说的影响，汉代自居"火德"，规定服制尚赤。

盛唐时期由于经济的发展及"丝绸之路"的开拓，织物色彩极为丰富，有银红、朱砂、水红、猩红、绛红、绛紫、鹅黄、杏黄、金黄、土黄、茶褐、宝蓝、葱绿等。从当时画家的作品来看，唐代女性衣着色彩绚丽而不失典雅，花纹繁复而不失和谐，如图1-2所示。这与唐代文治武功成就显著、政治开放、文化兼收并蓄，加之中外及多民族文化交流的频繁是分不开的。

宋重文轻武，崇尚理学加上文人大夫文化的推波助澜，服饰色彩清新、素淡，表达的是一种闲适淡雅、回归自然的审美文化（图1-3）。元代的染织颜色常见有白、青、褐、红、黄等，红和黄是贵色，所以使用范围较窄，唯有白、青、褐三色不受使用限制，所以较为流行。由于元代对服饰颜色的种种禁令，使褐色在民间得以发展，褐色是元代纺织品中使用最多的一种颜色，当时在民间已经能创造出二十多种褐色，褐色织物在元中期占主流，官民通用。

明清时期，色彩随着工艺技术水平的提高而变得越发成熟起来，对于服色的运用也随之讲究和精湛。丝绸的配色，多以深沉稳重的深蓝、绛红、棕色和绿色为地色，主体花纹则采用与之相对比的明亮鲜艳的红、黄、浅绿、天蓝等色（如明代青地牡丹加金锦临本）。同时适当地以类似色和含灰的中间色作衬托并运用金、银、黑、白、灰等中性色包边处理，形成色彩饱和讲究对比的流行审美特色（图1-4）。

进入21世纪，随着科学技术日新月异、突飞猛进的发展，随着互联网技术及新型微电子产品对人的感官刺激，随着卖方市场向买方市场的转变，在琳琅满目的商品大潮中，服装也在"色随时迁"。

例如，白色在西方传统中象征纯洁，成为现代主义的首选色；而昔日只与葬礼相伴的黑色，也成为时尚中经典与性感的代名词（图1-5、图1-6），后来被Gabrielle Bonheur Chanel（加布里埃·可可·香奈儿）、Hubert de Givenchy

图1-4　清《十二美人图》之一
（故宫博物院藏）

（休伯特·纪梵希）、川久保玲和山本耀司等人纷纷奉为时尚所不可或缺的要素。在20世纪无论是爵士乐时代、好莱坞寻梦潮、时髦的50年代，还是年轻一代、嬉皮士运动、奢华的80年代、垃圾摇滚的90年代，到如今的新纪元，服装色彩依旧反映着每个时代的时尚风。

图1-5　2020香奈儿（CHANEL）春夏高级定制系列

图1-6　2020纪梵希（GIVENCHY）春夏高级定制系列

二、象征性

服装色彩的象征性在中国古代封建社会往往有着极强的政治意义，其色彩崇尚最大的应用是服饰"表贵贱，辨等级"的功能，品官之服依据品级大小而定颜色。颜色标志贵贱的作用一直持续到清王朝结束。大体上黄色为最高统治者专用，唐李渊建立唐朝后规定：除了皇帝可以穿黄衣之外，"士不得以赤黄为衣"。之后，唐太宗又制定了一至九品的品官袍衫颜色，以此来区分等级：二品以上服紫，五品以上服绯，六品、七品服绿，八品、九品服青。纵观我国古代社会的服饰用色，一般具备华丽感、醒目性的高纯度色、暖色基本上均为统治阶层服用，来显示其权力和地位，如图1-7、图1-8所示。

图1-7　明宣宗朱瞻基像　　　　　　　　　　图1-8　明朝品官服饰

在现代，中国社会已不存在所谓服色的限制，但人作为社会的个体，其服装用色的选择，必然会收到社会经济、道德、文化、风俗的影响，也必然会反映出穿着者的精神面貌、审美情趣甚至文化修养。所以可以看到在一些正式会议中，参会者往往都穿着深色正装，以显示会议的权威及庄严肃穆的氛围。

三、装饰性

在现代社会中，每个人都离不开服装，服装是人类社会进步的产物，也是人类社会文化的重要组成部分。发展至今，服装已经不仅仅可以御寒保暖，通过设计师精心搭配、组合的服装，还可以起到很好的装饰作用。这表现为服装的色彩、款式、面料肌理及工艺制作的各个方面，其中色彩占有重要地位。

我们眼睛所能辨别的色彩数不胜数。目前已知的色彩达数百万之多，用于商业用途的超过50万种。那么，所有的颜色都可以装饰自己吗？所有的颜色都适合自己吗？我们常常会发现有的人穿着了一件娇艳的连衣裙，但并没有显示出她的魅力，反而显得怪怪的；或是在参加私人聚会、隆重会议以及居家休闲时，我们对服装色彩的选择会产生很大的差异，这也就要求我们在色彩的审美装饰功能使用时，应以人为本、因地而异，考虑色彩要以对象的形象、气质为依据，并考虑穿着者的服用时间及环境，参考不同的审美情趣和价值取向，切忌东施效颦、张冠李戴（图1-9）。

图1-9　2023春夏悉尼女装发布会

四、机能性

服装色彩的机能性主要体现在以实用目的为主的色彩处理特性，职业装及特种服装的色彩选择往往会考虑这一点。例如，建筑工人的安全帽、环卫工人的作业背心，以及水上救援的作业服往往选择橙色及亮色，体现的是色彩的"注目"机能；相反，军队的迷彩服则选择接近草地及泥土等大自然环境色，体现的是色彩的"隐藏"机能。医护人员、餐饮服务人员、医药及精密仪器加工人员往往会选择白色及浅色的作业服，体现的是色彩的"显脏"机能；相反，印染工作相关人员往往会选择黑色及深色的作业服，体现的是色彩的"隐脏"机能（图1-10）。

不仅如此，日常穿着的普通服装，设计师也要考虑到色彩吸热保暖或散热防暑的机能作用，这也是为什么夏季服装多选用白色、浅色等反射光线强的颜色，而冬季服装多选用黑色、深色等吸收光线强的颜色。

最后，还要注意色彩膨胀及收缩感的视觉效应在服装上的表现，这也就是为什么很多人执着于用色彩来掩饰自己胖或瘦等不同的体型，这方面的机能性也是不可忽视的。

图1-10　特种服装的色彩选择

总结来说，服装色彩的机能性主要体现在：服装的警示、伪装、清洁、保护等种种满足特殊职业需求的功能；服装散热防暑或御寒保温的调节效果；色彩的错视功能对人们不同体型的掩饰及调节作用。

五、地域性

俗话说："一方水土养一方人。"由于地域、气候、环境、历史及信仰的不同，使得不同国家、不同地区的人群在色彩的喜好上会产生偏差。例如，新娘子参加婚礼时穿着的白色礼服，是西方基督教的产物。基督教规定只有初婚者才能穿着白色婚纱，以象征纯洁，再婚者则要穿有颜色的礼服。而中国传统婚礼中新娘往往是红色的礼服，以体现吉祥、喜庆，白色在中国的传统习俗中是丧服的主流色彩。

随着时代的进步及科技的发展，各个国家、民族、地区间的交流日趋频繁，在学习、借鉴各地区传统服饰及设计艺术的同时，要考虑区域性的特点，还应考虑不同国家、民族、地区及宗教艺术对色彩的偏好及禁忌（表1），不能盲目地一味引进，不能单纯地生搬硬套，要多多调研，认真思考，才能更好地服务于国际间及民族间的服装贸易。

表1　不同国家或地区的色彩偏好列表

国家或地区	喜爱的颜色	厌恶的颜色
西欧部分国家		红色
英国		红、白、蓝色组
法国	灰色、白色、粉红色	黑绿色、黄色
德国	南方鲜明色彩	茶色、黑色、深蓝色

续表

国家或地区	喜爱的颜色	厌恶的颜色
比利时		黑绿色、蓝色
瑞士、西班牙	各色相间的色组 浓淡相间的色相	黑色
挪威	红、蓝、绿色	
瑞典、意大利	绿色	瑞典厌恶蓝黄相同的色组（国家色）
爱尔兰、奥地利	绿色	
荷兰	橙色、蓝色	
日本	黑色、紫色、红色	绿色
新加坡	绿色、红色	黄色
马来西亚	绿色、红色	黄色
巴基斯坦	翡翠绿色	黄色
中国香港、中国澳门	蓝色、白色	
伊拉克	红色、蓝色	黑色、橄榄绿色
土耳其、突尼斯	绯红色、白色、绿色	花色
北非伊斯兰国家	绿色	蓝色
埃及	绿色	蓝色
埃塞俄比亚		淡黄色
巴西、秘鲁		紫黄色、暗茶色
委内瑞拉、泰国	黄色	绿色
巴拉圭		绿色
伊朗		蓝色
印度	红色、桔黄色	
希腊	蓝白相配	

六、季节性

　　一年四季，春暖夏凉，季节的更替是大自然的正常规律。而服装作为御寒保暖的实用性产物，其一大特点就是随着季节的更替而不断变化，这种变化体现在其款式、面料以及色彩上。春夏季阳光明媚、鸟语花香、百花齐放、生机勃勃，人们穿着明快、鲜艳的服色，以体现生机、展现活力；秋冬季气温较低、寒风萧瑟、万物凋零、色彩单一，人们往往选择中性、深暗、暖调的服装，以吸收阳光、调节气氛。所以，按春夏及秋冬季节进行流行色的发布，已成为国际惯例。紫色调在本季不可或缺，因男性化与女性化的概念更加游移，色彩展现出浓郁的中性魅力。在2021春夏季紫色以呈现质朴暗哑外观为主流，如淡紫雾色（13-3820TXC）、浅灰紫（16-3812TCX）、暮雾色（14-3904TCX）等色彩被大量采用，营造舒适轻缓的视觉感受。叶子花色（17-3725TCX）与深薰衣草色（18-3633TCX）在今季的造型搭配中展现极佳的搭配效果，被广泛运用于西装、夹克、衬衫等造型中。2020/21秋冬的紫色系浓郁而深沉，充分体现了性别混合的趋势。紫色在本季呈两极分化。浅色冰冷的科技薰衣草色暗示着潮流从精致色彩转向冲击力亮色。浆果紫、三色堇色和苋莱紫丰富了常年热门的莓色系。散发强烈女人味的淡紫雾色，也可作为中性色进行营销，因为男性化与女性化的概念更加游移，该色彩展现出浓郁的中性魅力（图1-11）。

七、流行性

在诸多产品设计中，服装的变化周期基本上是最短的，其关注流行、表现流行的程度也是最高的。其中色彩带给服装及服装穿着者的影响，要比其他因素大得多。在流行色的宣传及表现中，通过服装展示也是很重要的内容。流行色的英文"Fashion Colour"，是一个外来名词，意为合乎时代风尚的颜色，即"时髦色"。它是在一定的时期和地区内，产品中受到消费者普遍欢迎的几种或几组色彩和色调，成为风靡一时的主销色。流行色在纺织产品及服装行业中的反应最为敏感，变化也最快，在其他家电、汽车、家居装饰、室内装潢等领域也广泛存在。

服装色彩的流行性往往与人们喜新厌旧、盲目从众、求变求异的消费心理紧密联系在一起，未来的流行色周期必然越来越短，某些颜色可能在时尚的舞台上反复出现，也有某些颜色可能只是昙花一现，设计师们要从流行色中不断挖掘、仔细调研，从而以色彩优势占领市场。2020春夏—WGSN解码趋势预测探索了科学与自然的结合，对比配色涌现。既有易搭的大地色系，也有冷清到近乎医疗风颜色。富于变化的调色板极多用，可在日夜之间、休闲和考究之间轻松过渡（图1-12）。

淡紫雾色 (13-3820TCX)

浆果紫(18-3013TPX)

图1-11 色彩的季节特性

图1-12　服装色彩的流行性

第二章

色彩的物理学基础知识

教学内容

1. 色彩的原理
2. 色彩的混合
3. 色彩的属性
4. 色彩的体系
5. 计算机软件中的常用色彩模式

课时导向

4 课时

重点

1. 色光三原色与色料三原色的关系
2. 色彩的三属性

难点

中、美、德、日不同的表色体系

课前准备

1. 广泛阅读绘画、雕塑、家居等各艺术类别的图片资料，进行视觉积累。
2. 学习《色彩构成》，为本课程学习做好相应的准备。

日常生活中到处充满色彩，绿色的树叶、红色的花朵、黄色的水果、蓝色的服装等。不同的色彩也为我们的生活提供各种不同的功能提醒：红黄绿的交通指示灯提醒我们该停止还是通过；各种颜色的菌类可以辅助我们识别其有无毒性和可否食用；绚丽的广告标识吸引人们的注意，帮助人们过滤有用信息。还有建筑的色彩、工艺产品的色彩、家居装饰的色彩、广告动画的色彩、舞台环境的色彩、展览展示的色彩以及服装饰品的色彩等。既然色彩如此重要，那么，色彩究竟是什么呢？

第一节 | 色彩的原理

色彩事实上是以光为媒介的一种感觉，所以色彩与光线密不可分，没有光就没有颜色。在一个完全黑暗的房间里，所有的色彩都是隐形的，不是看不到，而是没有，光线是感知色彩的第一要素。

如果没有观察到物体，色彩也是不存在的，所以，呈现颜色的物体也是必要的，物体是感知色彩的第二要素。

最后，色彩事实上是光刺激人眼后，通过视神经传递给大脑时产生的感觉。所以，如果没有眼睛和大脑之间的信号解析，即使有光和物体，颜色也没有办法产生，所以感知色彩的第三要素就是眼睛。

因此，光线、物体和眼睛构成色彩感知的三要素，即色觉三要素（图2-1）。这三点缺少任何一个，人们均难以感知色彩；只有同时具备的条件下，我们才能观察到颜色。

图2-1　色觉三要素

一、光与色

英国物理学家麦克斯韦认为光是一种电磁波。它与宇宙射线（x射线、γ射线和波长更短的射线）、紫外线、红外线、雷达和无线电波等并存，如果把每个波段的频率由低至高依次排列的话，无线电的波长最长，宇宙射线（x射线、γ射线和波长更短的射线）的波长最短。其中波长在380～780nm范围内的电磁波能够引起人的视觉感应，被称为可见光（图2-2）。在可见光范围之外，不管是与可见光短波相邻的紫外线，还是与可见光长波相邻的红外线，人眼均无法感知。

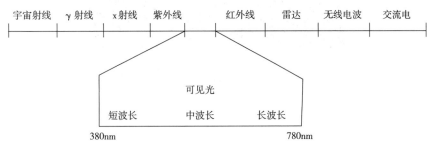

图2-2 可见光的光波范围

可视光中按波长可以分为三种，即短波长的光、中波长的光和长波长的光，由于不同波长的光对人眼的刺激作用不同，而产生不相同的色彩感觉。表2-1所示的七种色光中，任何一种色光都不能再单独分解，这些光叫做单色光。

表2-1 色光的波长区域及代表波长　　　　　　　　　　　　　　　单位：nm

色光	波长区域	代表波长
红	780～630	700
橙	630～600	620
黄	600～570	580
绿	570～500	550
青	500～470	500
蓝	470～420	470
蓝紫	420～380	420

牛顿在1666年最先利用三棱镜观察到光的色散，他发现将一束白光（阳光）从细缝引入暗室，通过三棱镜，再投射到白色屏幕上去的时候，白色的光线显出彩虹一样

的美丽光带（图2-3）。这是因为白色的光线（日光）中含有不同波长的能量，当它们混合在一起并同时刺激人眼时，感觉上是白色的，所以白色光其实是一种复合光，它是红、橙、黄、绿、青、蓝、蓝紫这七种不同波长的单色光的复合，这种由单色光混合形成的光称为复合光，也叫做复色光。

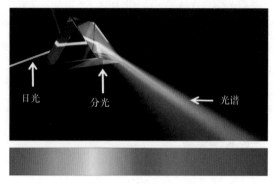

图2-3　色散实验

二、物体与物体色

色光是发光体引起的视觉反应，而能够发出光的物体叫做光源。光源分自然光源与人工光源。太阳光属于自然光源，而人造光源是人类科技文明发展的产物，（图2-4），根据出现先后的顺序有：火把、油灯、蜡烛、电灯（白炽灯、日光灯、霓虹灯）等。

人们在生活中见到的色彩一般来自物体表面，而这些物体是不发光的，它们使人眼产生的色彩感觉，是从被照射的光里选择性吸收了一部分光谱波长的色光，我们所见到的色彩是剩余的色光，这就是物体的颜色，简称物体色（图2-5）。

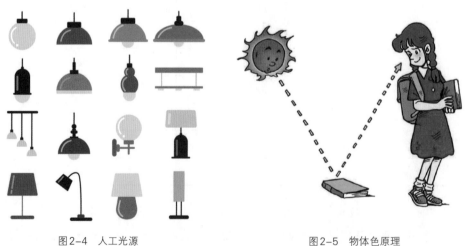

图2-4　人工光源　　　　　　　　图2-5　物体色原理

　　各种物体之所以有千变万化的颜色，根本原因在于它们对于各种色光的反射与吸收的能力不同。例如，太阳光照在树叶上，它只反射绿色光，而其他色光都被吸收，人们通过眼睛、视神经、大脑反映，则感觉到树叶是绿色的。与此同时，棉花反射了所有的色光而呈现白色，黑纸吸收了所有的色光而成黑色。

　　但是，自然界实际上并不存在绝对的黑色和白色，因为任何物体不可能对光做全反射或全吸收。以服装面料为例，因为其纤维和织物组织结构的区别，决定了它们自身不一的色彩特性（图2-6）。

图2-6　不同服装面料的色彩特性

　　表面光滑、细腻、平整的物体，如丝绸织物、抛光金属材料、亮面皮革等，反射能力较强；表面凹凸、粗糙、疏松的物体，如呢绒、麻织物、海绵等，反射能力较弱，因此它们易使光线产生漫反射现象。

　　服装面料中，同一种纤维由于织物组织形式的不同，也会影响它们对光的反射、吸收能力。缎纹组织的织物反射能力相对较强，凹凸组织的织物反射能力相对较弱，而斜纹组织、平纹组织的织物则处于中间状态。

三、物体色的分光分布

　　可见光的视觉感觉因波长的不同而不同，把不同波长的可见光在哪个波长段发生怎样的强度变化用图表表示出来，称为分光分布，如图2-7所示。

　　人们看到的物体色是可见光照射到物体上，反射光入射到眼睛里形成的，照射到物体上的可见光在物体表面被有选择地吸收，剩余的色光被反射入眼睛，不同的光有不同的反射率曲线。

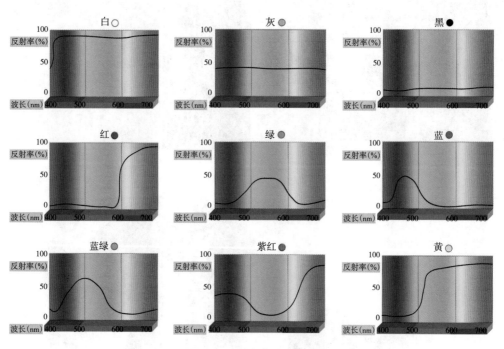

图2-7　不同颜色的分光分布

第二节 │ 色彩的混合

一、加法混合

　　加法混合即色光的混合，其特点是当不同的色光混合在一起时，可以产生新的色光，混合的色光越多，明度会越高。将红（R）、绿（G）、蓝（B）三种色光分别做适当比例的混合可以得到其他所有的色光，但其他色光却混合不出这三种色光，所以称其为色光的三原色（表2-2）。

表2-2　色光三原色

三原色	光谱中波段范围	色光三原色的制定
红（R）	630~780nm	700nm　大红色，带有微黄
绿（G）	500~570nm	546.1nm　鲜绿色，不带任何其他颜色倾向
蓝（B）	420~470nm	435.8nm　略带红色，俗称蓝紫

　　随着不同色光混合量的增加，色光的亮度比混合前的任一色光的亮度都要高，色光的红、绿相加得到黄，绿、蓝相加得到蓝绿（青），红、蓝相加得到紫红（品红），当全色光混合时呈现白色。加法混合是光与光的叠加，能量增加，越加越亮，如图2-8所示。

　　加法混合一般用于舞台照明、摄影摄像及线上设计工作等方面。

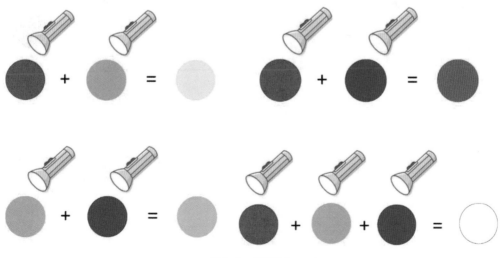

图2-8　色光混合

二、减法混合

减法混合通常指各种颜料或者染料的吸收性色彩的混合，其特点正好与加法混合相反，混合后的色彩在明度、纯度上较最初的任一色彩均有下降，混合的色彩越多，混色就越暗浊，最后呈现接近黑灰的色彩。

从色料混合实验中，人们发现，透过（或反射）光谱较宽波长范围的色料蓝绿（C）、品红（M）、黄（Y）三色，能匹配出更多的色彩。通过三色料以不同比例相混合，得到的色域最大，而这三色料本身却不能用其余两种色料混合而成。因此，我们称蓝绿（C）、品红（M）、黄（Y）三色为色料的三原色。

随着不同色料混合量的增加，色料的亮度比混合前的任一色光的亮度都要低，色料的黄、品红相加得到红，黄、蓝绿相加得到绿，品红、蓝绿相加得到蓝，全色料混合时呈现黑色。减法混合是加入一种色料后就会减去入射光中一种原色色光，使得色光能量减弱，越加越暗，如图2-9所示。平时使用的颜料、染料、涂料的混合都属于减色混合，在绘画、设计以及日常生活中碰到这类混合的机会也比较多。

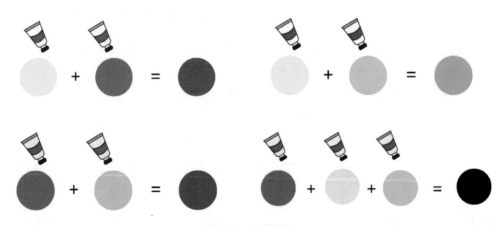

图2-9 色料混合

色光混合与色料混合的比较见表2-3。

表2-3 色光混合与色料混合的比较

项目	色光混合	色料混合
混合物质	色光	色料（颜料、涂料、染料、油墨）
三原色	红（R）、绿（G）、蓝（B）	蓝绿（C）、品红（M）、黄（Y）
成色规律	R+G=Y R+B=M G+B=C R+G+B=W	Y+M=R Y+C=G M+C=B Y+M+C=BK

项目	色光混合	色料混合
变化实质	色光叠加，能量递增，变明亮	色料叠加，能量递减，变暗淡
互补色混合效果	白	黑
主要用途	彩色电视、计算机屏幕	彩色印刷、涂料颜料、绘画打印

三、中性混合

中性混合包括时间混合与空间混合两种，中性混合属于色光混合（加法混合）的一种。它分为两种形式：一种是色光的动态混合，也称为时间混合（图2–10）；一种是色光的静态混合，也称为空间混合（图2–11）。

图2–10　色光的动态混合

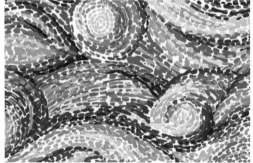

图2–11　色光的静态混合

动态混合是将几种颜色迅速交替作用于人眼从而产生综合色觉的过程。色光的动态混合以人眼的视觉残留现象为基础，混合过程与混合结果均既不加光，也不减光，其明度为参加混合色光的明度的平均值。

静态混合是将两种及以上的颜色并置在一起，通过一定的空间距离，将反射的色光同时刺激人眼而产生的混合，如细小的色点、色线、网格、不规则形状等，这类排列越有序，形越小、越细，混合的效果越明显。

第三节 | 色彩的属性

人眼能够识别的色彩众多，这么多千变万化的颜色，应该如何区分呢？

色彩大致可以分为无彩色和有彩色两大类。黑色和白色以及黑白相混而成的深浅不同的灰色，统称为无彩色。以红、橙、黄、绿、蓝、紫为基本色，按不同比例相混产生千千万万种色彩，统称为有彩色（图2-12）。色彩具有三个属性：色相、明度、纯度。

图2-12　色彩分类

一、色相

在可见光谱上，人的视觉能感受到红、橙、黄、绿、青、蓝、蓝紫不同特征的色彩，人们给这些可以相互区别的色定出名称，当我们称呼其中某一色的名称时，就会有一个特定的色彩印象。这种色彩的印象就是色相，即色彩的相貌。

有彩色具备色相的属性，而无彩色没有色相的属性。

色彩学家们将红、橙、黄、绿、青、蓝、蓝紫等色相以环状形式排列，再加上紫色和紫红色，使得色相之间具有循环性，排列成圆状，就构成了色相环。色相环一般用纯色表示，可以做成10色、12色、18色、24色等，如图2-13所示。

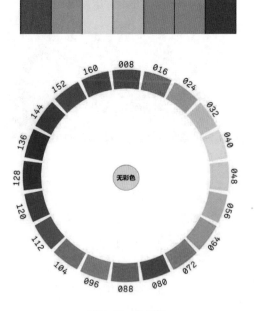

图2-13　色相环

二、明度

即色彩的明亮程度，又称为色的亮度、深浅。若把无彩色的黑、白作为两个极端，在中间加入不同程度的灰色，那么就会形成同一色相不同明度的各种颜色，在这些颜色中，靠近白色的为高明度色，靠近黑色的为低明度色，中间位置为中明度色，如图2-14所示。

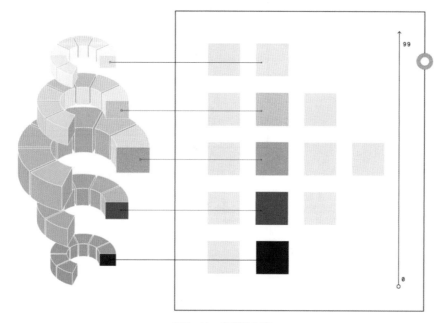

图2-14　色彩的明度

由于各个色相的构成中有单色光也有复合光，因此各色相本身的明度就是不同的，如黄色明度最高，蓝紫色明度最低，红、绿色为中明度色。

有彩色和无彩色都具有明度的属性，而且无彩色只具有明度的属性。

三、纯度

纯度也称彩度、饱和度、鲜艳度，它表示色彩中含有色成分的比例，含有的成分比例越大，则色彩的纯度越高，含有的成分比例越小，则色彩的纯度也越低。各色相中原本最鲜艳的颜色称为纯色，其纯度也是最高的。

有彩色具备纯度的属性，而无彩色没有纯度的属性。

色料纯度改变一般以加无彩色（黑、白、灰）的手段得以实现。纯度和明度一样，在程度上也分为高、中、低三种，越是靠近纯色的越鲜艳，纯度越高如图2-15所示。

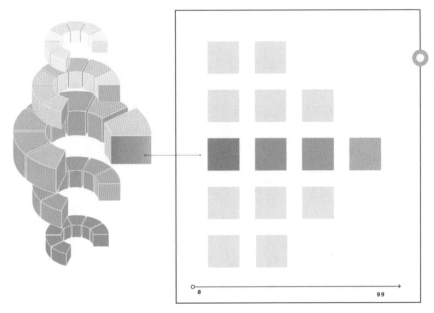

图2-15 色彩的纯度

第四节 │ 色彩的体系

一、中国传统五色系统

中国传统观念下的五色系统是中国历史文化背景下的独特产物，准确地说，是中国古代阴阳五行学说这一哲学思想的衍生。早在春秋时期，古代先人们就以"五"为数，将各种天文、地理、历算、方位、等级等统统纳入一个整体，其中包括：五方（东、南、西、北、中）、五行（金、木、水、火、土）、五味（酸、苦、甘、辛、咸）、五色（青、赤、黄、白、黑）、五音（角、徵、宫、商、羽）等，见表2-4。

表2-4 中国传统五色系统

五方	东	南	西	北	中
五行	木	火	金	水	土
五色	青	赤	白	黑	黄
五味	酸	苦	辛	咸	甘

续表

五音	角	徵	商	羽	宫
五脏	脾	肺	肝	肾	心
五气	燥	阳	湿	阴	和
五帝	太昊	炎帝	少昊	颛顼	黄帝

中国传统文化围绕四季、方位与守护兽、色名进行对应（图2-16）：东方谓之春，守护兽为青龙；南方谓之夏，守护兽为朱雀；西方谓之秋，守护兽为白虎；北方谓之冬，守护兽为玄武；中心谓之三伏，是中心帝位。此外，还将万物归纳成五种元素，即五行，各以一正色表达：木青、火赤、金白、水黑、土黄。

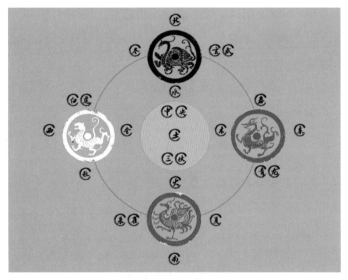

图2-16 中国传统五色与阴阳五行

中国传统五色包含了色彩构成的基本元素和初始状态，甚至有无彩色和有彩色的辩证关系，是中国古代先人们对色彩规律把握的独特理念和准确验证。

二、色彩命名

1. 自然表示法

（1）以自然界中的天、地、日、星辰、山水的色彩来命名：如天蓝、湖蓝、海蓝、曙红、雪青、土黄、土红、翠绿等。

（2）以金属矿物质命名：如金黄、银灰、古铜、铁灰、铁锈红、石绿、石青、宝石蓝、赭石、煤黑等。

（3）以植物命名：如玫瑰红、桃红、草绿、苹果绿、橙黄、枣红、米白等。

（4）以动物命名：如鹅掌黄、鸽灰、象牙白、孔雀蓝、蟹青等。

2. 系统化表示法

（1）无彩色系的系统化命名：由黑色、白色及黑白两色按不同比例混合所得到的深浅各异的灰色系列构成的色彩统称为无彩色系，常用"修饰语＋无彩色基本色名"表示，如带青的明灰色，带黑的深灰色。

（2）有彩色系的系统化命名：由可见光谱中各基本色相及它们之间的混合色构成的色彩统称为有彩色系，常用"修饰语＋明度及纯度修饰语＋有彩色基本色名"表示，如带红的暗灰紫、暗灰黄味红、淡蓝绿等。

上述介绍的自然命名法和系统化命名法缺乏科学性与准确性，相同颜色的名字在每个人脑海里的印象是不同的。此外，也不是每一种颜色都拥有自己的名字，这给色彩表达带来了困难。所以，需要把丰富的色彩按照一定的规律进行整理，以便准确地表达色彩，这种整理后的体系称为表色系。

在整理色的时候，不是用色名，而是用数字和记号来表示，不仅可以客观且准确地表述色彩，还使其具备了传达功能。

三、色彩体系

色彩体系是将颜色客观化的系统性产物，是众多专业人员和各个国家在实践中，为谋求颜色的正确表达、色彩协调而经常采用的分类方法。

1. 孟赛尔表色系

美国色彩学家、教育家和美术家孟赛尔于1905年创立并发表的色彩体系，把色彩三属性在感觉上形成等距离的配置加以尺度化，后来又经过美国光学会就视觉感中的等距离性和测色学平稳度等方面的内容加以修正（图2-17）。

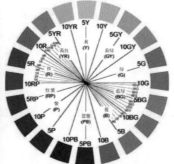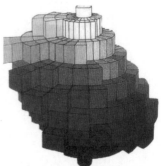

图2-17 孟赛尔表色系

（1）孟赛尔色彩体系的色相（Hue）。色相的基本色是能够形成视觉上的等间隔的红（R）、黄（Y）、绿（G）、蓝（B）、紫（P）五种颜色，再把它们中间插入黄红（YR）、黄绿（GY）、蓝绿（BG）、蓝紫（PB）、红紫（RP）五种颜色，组成十种颜色的基本色相。把基本10色相中的每个色相再细划分为10等份，形成100个色相，将其分布于圆周。例如，红（R）划分为1R、2R、3R……9R、10R，1YR、2YR……最初选出的颜色作为各色相的代表色，用5标记，如5R、5YR、5Y……5RP。

（2）孟赛尔色彩体系的明度（Value）。明度以无彩色的阶段为基准。把反射率0的理想黑设定为0，反射率100%的理想白设定为10，其中间进行等距离划分，然后用十进位法的尺度来表示。共有11个明度色阶。明度相同的有彩色和无彩色表示明度的数字是一致的，说明它们的视感反射率是相同的。

（3）孟赛尔色彩体系的纯度（Chroma）。把无彩色的纯度设为0，随着颜色的鲜艳度的增强，渐渐的增大纯度的数值，最高的纯度值因色相的不同而不同。总体来说，暖色系色相比冷色系色相最高纯度值高。

孟赛尔色彩体系的色相、明度、纯度如图2-18所示。

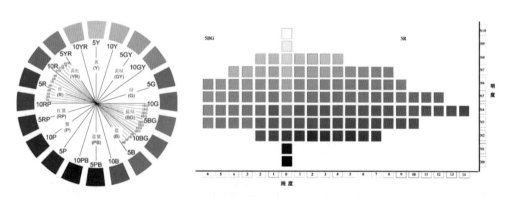

图2-18 孟赛尔色彩体系的色相、明度、纯度

（4）孟赛尔色彩体系的表示方法。

有彩色的表示方法："色相 明度/纯度"，即"H V/C"，如"5Y 8/14"。

无彩色的表示方法：用无彩色的Neutral的首字母N加上数字来表示，如N5。

（5）孟赛尔色立体。由孟赛尔定义的色相、明度、纯度构成了孟赛尔色立体。色立体中心纵轴是无彩色N，最上端是白色，最下端是黑色，形成以纵轴为中心的环状色相环，以纵轴出发的水平放射线为各个纯度。色相环在色立体的最表层，均系各色相纯度最高的颜色。

2. 奥斯特瓦尔德色彩体系

该体系是由诺贝尔奖获得者、德国化学家奥斯特瓦尔德于1921年创立，它以物理科学为依据，根据物体表面色及人的色彩知觉所创（图2-19）。

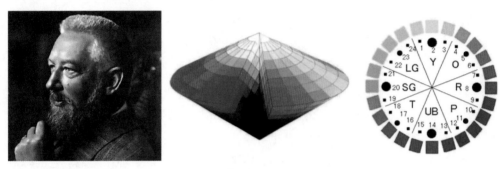

图2-19 奥斯特瓦尔德色彩体系

3. NCS色彩体系

NCS是Natural Color System（自然色彩体系）的简称，于1979年完成，目前已经成为瑞典、挪威、西班牙以及南非等国的国家检验标准（图2-20），是欧洲使用最广泛的色彩体系。

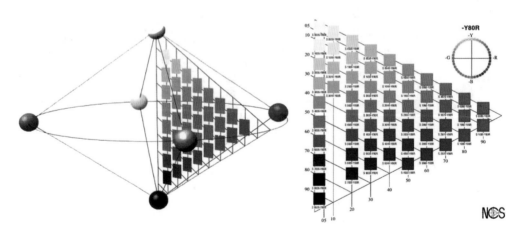

图2-20 NCS色彩体系

4. PCCS色彩体系

PCCS是日本色彩研究所于1964年发表的色彩表色系，正式名称为Practical Color Co-ordinate System。PCCS是以色彩调和为目的的色彩体系，明度和纯度在这里结合成色调。PCCS是用色相和色调这两个系统来表示色彩调和的基本色彩体系（图2-21）。

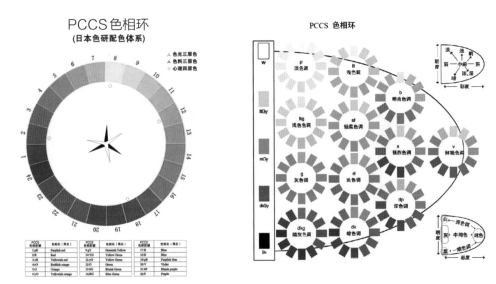

图2-21　PCCS色彩体系

5. CNCSCOLOR色彩体系

CNCSCOLOR是中国纺织信息中心于2003年开展的中国应用色彩研究项目，建立了CNCSCOLOR色彩体系，即China National Color System。CNCSCOLOR色彩体系是中国应用色彩体系标准（图2-22）。

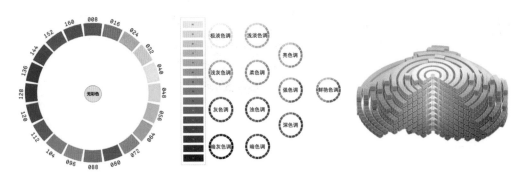

图2-22　CNCSCOLOR色彩体系

四、色相和色相环、色立体

当白光通过三棱镜进行分光，形成了从红→蓝紫的色光递进排序的光谱，光谱中的不同色光代表不同的色相，从红开始一直递进排列到蓝紫；然后通过色彩的混合，长波长的红和短波长的蓝能够混合得到紫和紫红，把紫和紫红也加入其中，使得色相之间具有循环性，排列成圆状，就构成了色相环，如图2-23所示。

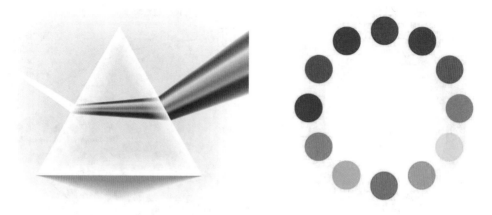

图 2-23　色相环的形成

将色彩按照三属性，有秩序地进行整理、分类而组成三维空间形式，体现色彩的色相、明度、纯度之间的关系，有秩序地排列组合在一个立体之中，则形成色立体，如图 2-24 所示。

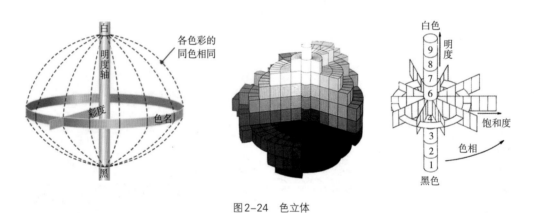

图 2-24　色立体

第五节｜计算机软件中的常用色彩模式

当代社会，服装设计往往要利用计算机软件来完成，因此，了解计算机绘图软件中的色彩系统非常重要，它决定了如何描述和重现图像的色彩。常见的颜色模型包括 HSB（色相、饱和度、亮度）、RGB（红色、绿色、蓝色）、CMYK（青色、品红、黄色、黑色）和 Lab 等，因此，相应的颜色模式也就有 RGB、CMYK、Lab 等。

一、RGB 颜色模式

RGB 颜色模式是利用红（Red）、绿（Green）和蓝（Blue）三种基本颜色进行颜色加法，它们可以配制出绝大部分肉眼能看到的颜色。彩色电视机的显像管，以及计算机的显示器都是以这种方式来混合出各种不同的颜色效果的。

24位 RGB 图像可看成由三个颜色通道组成，这三个颜色通道分别为红色通道、绿色通道和蓝色通道。其中每个通道使用8位颜色信息，该信息是由从0到255的亮度值来表示的。这三个通道通过组合，可以产生1670余万种不同的颜色。由于用户可以从不同通道对 RGB 图像进行处理，从而增强了图像的可编辑性。

二、CMYK 颜色模式

CMYK 颜色模式是一种用于印刷的模式，分别是指青（Cyan）、品红（Magenta）、黄（Yellow）和黑（Black）。该颜色模式对应的是印刷用的四种油墨颜色，其中，将C、M、Y 三种油墨颜色混合在一起，印刷出来的黑色不是很纯正。为了使印刷品为纯黑色，所以将黑色并入了印刷色中，以表现纯正的黑色，还可以借此减少其他油墨的使用量。

CMYK 模式在本质上与 RGB 颜色模式没有什么区别，只是产生色彩的原理不同。在处理图像时，一般不采用 CMYK 模式，因为这种模式的图像文件占用的存储空间较大，只是在印刷时才将图像颜色模式转换为 CMYK 模式。

三、Lab 颜色模式

Lab 颜色模式是以一个亮度分量 L（Lightness）以及两个颜色分量 a 与 b 来表示颜色的。其中 L 的取值范围为0~100，a 分量代表由绿色到红色的光谱变化，b 分量代表由蓝色到黄色的光谱变化，且 a 和 b 的取值范围均为 +120~−120。该模式是目前所有模式中色彩范围（称为色域）最广的颜色模式，它能毫无偏差地在不同系统和平台之间进行交换，因此，该模式是各种软件在不同颜色模式之间转换时使用的中间颜色模式。

四、Indexed 颜色模式

为了减小图像文件所占的存储空间，人们设计了一种 Indexed 颜色模式。将一幅图像转换为 Indexed 模式后，系统将从图像中提取256种典型的颜色作为颜色表。Indexed 颜色模式在印刷中很少使用。但是，这种模式可极大地减小图像文件的存储空间（大概只有 RGB 模式的三分之一），同时，这种颜色模式在显示上与真彩色模式基本相同。因此，这种颜色模式的图像多用于制作多媒体数据。

五、Grayscale 颜色模式

Grayscale图像中只有灰度信息而没有彩色，是通过使用多达256级灰度来变现黑白图像，使图像的过渡更加平滑细腻的一种颜色模式。灰度图像的每个像素有0（黑色）～255（白色）的亮度值，使用灰度还可以将彩色图像转换为高质量的黑白图像，用它来处理黑白照片很有效果。

六、Duotone 颜色模式

彩色印刷品通常情况下都是以CMYK四种油墨来印刷的，但也有些印刷物，如名片，往往只需要用两种油墨颜色就可以表现出图像的层次感和质感。因此，如果并不需要全彩色的印刷质量，可以考虑利用双色印刷来节省成本。

Duotone模式与Grayscale模式相似，是由Grayscale模式发展而来的。但要注意，在Duotone模式中，颜色只是用来表示"色调"而已。因此，在这种模式下彩色油墨是用来创建灰度级的，而不是创建彩色的。

当油墨颜色不同时，其创建的灰度级也是不同的。通常选择颜色时，都会保留原有的灰色部分作为主色，将其他加入的颜色作为副色，这样才能表现出较丰富的层次感和质感。

第三章

色彩的生理学

基础知识

教学内容

1. 眼睛的构造
2. 色彩的视觉理论
3. 色彩的错视现象
4. 色彩的对比与同化现象

课时导向

2 课时

重点

1. 色彩的视觉理论
2. 色彩的同化现象

难点

色彩的错视现象

课前准备

1. 阅读关于视觉生理相关的书籍
2. 学习《色彩构成》，为本课程学习做好相应的准备

所有的色彩视觉（包括色相、明度、纯度）都是建立在人的视觉器官基础上的，所以研究色彩必须了解视觉器官的生理特征及功能。

第一节│眼睛的构造

在看见颜色的"色觉三要素"中，除了前面学习的物体和光之外，眼睛也是必不可少的，眼睛就像是一个接收器，把接收到的光信号传送到大脑。眼睛的构造如图3-1所示。

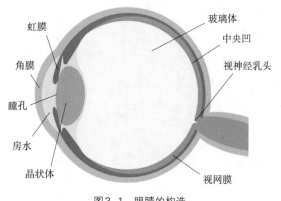

图3-1　眼睛的构造

一、角膜

角膜是位于眼睛前部的透明部位，可以对光形成折射作用，使进入眼睛的光到达眼睛的视网膜上，并且可以对眼睛起到保护作用。

二、房水

房水是位于角膜与晶状体之间的透明液体，具有维持眼压和给角膜提供营养的作用，帮助角膜和晶状体进行物质代谢，维持它们的透明性。

三、虹膜

虹膜位于晶状体前，能自动调节瞳孔大小，起到调节进入眼内光线多少的作用。东方人的虹膜呈现褐色，而西方人的虹膜则是蓝绿色的，这由虹膜中所含色素的种类决定。

四、瞳孔

瞳孔是位于虹膜中间的圆形小孔，通过虹膜的收缩与扩张改变大小，可以控制进入眼睛内部光线的多少。光线较弱时瞳孔变大，使眼睛接受更多的光线；光线较强时瞳孔缩小，防止强光损伤视网膜，起到保护视网膜的作用。

五、晶状体

晶状体最重要的作用是通过睫状肌的收缩或松弛来改变其厚度，从而调节屈光度，使看近或看远时眼球聚光焦点改变，保证影像能准确地落在视网膜上。它就像照相机里的镜头，通过对光线的屈光作用，形成清晰的影像。

六、玻璃体

玻璃体是充满晶状体与视网膜之间的透明胶质体，具有屈光的作用，对晶状体、视网膜等组织有支持、减震的作用。

七、视网膜

视网膜上的视细胞就像一个接收器，有接收光的作用，当我们看东西时，物体的影像通过屈光系统，落在视网膜上，被视细胞感受。视网膜如同一架照相机里面的感光底片，专门负责感光成像。

八、中央凹

位于视网膜的中央，有大量的视锥体细胞，是视网膜上视觉最敏锐的部位。

九、视细胞

视细胞分为视锥体细胞和视杆体细胞两种，它们感受光的刺激后，将光信号转变为视信号，通过神经系统传递给大脑，从而在人的大脑中形成所观察事物或场景的形状、颜色等画面。

视细胞有自己的特征，见表3-1。

表3-1 视细胞的特征

名称	视锥体细胞的特征	视杆体细胞的特征
形状	呈圆锥状	呈棒状
数量	每只眼球有600万~700万个	每只眼球大约有1.2亿个
工作条件	在明亮处工作	在暗处工作
功能	能够感觉各种有彩色，即识别各个波长	只能够感觉明暗
存在位置	集中在视网膜的中央凹，其他部分很少	分布在中心凹以外的视网膜上

根据人体视椎体细胞的光谱吸收曲线，可以发现绘制出来的曲线可以分成三种类型，一类的吸收曲线峰值在420nm附近，一类在531nm附近，一类在558nm附近，差

不多相当于蓝、绿、红三色光的波长，如图3-2所示。根据这一特性，又将锥体分成三类：S锥体（蓝），短波长感度高；M锥体（绿），中波长感度高；L锥体（红），长波长感度高。

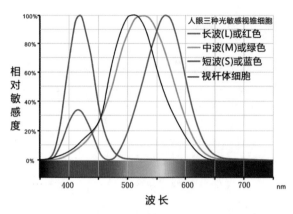

图3-2 人体视锥体细胞的光谱吸收曲线

除此之外，视锥体细胞和视杆体细胞还分别执行着不同的视觉功能。视杆体细胞对光有高敏感性，能接受微弱光的刺激，在比较暗的环境下，由视杆体细胞作用形成暗视觉，但暗视觉只能辨别物体的形状和明暗。视锥体细胞的活动只有当亮度达到一定程度时才能被激发，称为明视觉。

十、视神经乳头

视神经乳头是视神经最密集的地方，但它没有视细胞，因而没有感光能力，所以被称为盲点，即马里欧德暗点。

人的眼睛是产生色觉的要素之一。人眼的形状像一个小球，通常称为眼球，眼球内具有特殊的折光系统，通过折光系统将进入眼内的可见光汇聚在视网膜上。视网膜上含有感光的视杆体细胞和视锥体细胞，这些感光细胞把接收到的色光信号传到神经节细胞，再由视神经传到大脑皮层视觉神经中枢，产生色感。

第二节 | 色彩的视觉理论

色彩的视觉理论作为科学研究，到目前为止较有影响的仍然是19世纪建立的赫尔姆霍兹的三色说、赫林的四色说以及从这两个比较古老的理论基础上统一和发展起来的近代色彩视觉理论阶段说。

一、赫尔姆霍兹的三色说

赫尔姆霍兹的三色说认为，人眼分辨颜色的神经种类不可能有自然界色彩那么多，提出人眼视网膜的视锥体细胞含有红、绿、蓝三种感光色素，它们就像三个接收器一样接收光谱中的色光。当单色光或各种混合色光投射到视网膜上时，三种感光色素的视锥体细胞不同程度地受到刺激，经过大脑综合而产生色彩感觉，见表3-2。

表3-2 三种色光接收器的反应

物体	眼睛	大脑
红色的苹果	R○G×B×	L锥体处于高度兴奋状态，所以认知为红色
绿色的树叶	R×G○B×	M锥体处于高度兴奋状态，所以认知为绿色
蓝色的天空	R×G×B○	S锥体处于高度兴奋状态，所以认知为蓝色
黄色的香蕉	R○G○B×	L锥体和M锥体处于高度兴奋状态，所以认知为黄色
蓝绿色的鱼	R×G○B○	M锥体和S锥体处于高度兴奋状态，所以认知为蓝绿色
紫色的鲜花	R○G×B○	L锥体和S锥体处于高度兴奋状态，所以认知为紫色

如果人眼缺乏某种感光细胞或某种感光的视锥体细胞功能不正常时，就会产生色盲或色弱。这一学说按其提出者名字命名，称为赫尔姆霍兹说，又因为这一学说是以三种色光接收器为前提，故称为三色说。

二、赫林的四色说

对于三色说，赫林提出了不同观点，即三色说解释不了红绿色盲。根据三色说，黄色是由感应红色和绿色的视椎体细胞共同工作而感受到的，而缺乏感红色或感绿色视细胞的病人不应该具有黄色的感觉经验，这与病人的实际色觉经验不符。因此提出以心理四原色红、蓝、绿、黄作为四原色的色相环，认为在人的眼中存在着对红——绿，黄——蓝，白——黑等信号产生感应的视细胞，在一方接收信号后，另一方就被压制而感受不到信号。人们所看到的颜色是在这三组信号的强制调整后感受到的颜色。该学说确立于1878年，赫林的学说称为四色说，又叫反对学说。

三、阶段说

近一个世纪以来，三色说和四色说一直处于对立的地位，然而近三十年来，由于新型实验材料的出现，人们对这两种学说有了进一步的认识，逐渐统一起来发展成为色彩视觉阶段说理论。

阶段说认为，在人眼视网膜的视锥体细胞中有一种感光蛋白和三种感色蛋白。光照使感光蛋白破裂产生神经脉冲，传到大脑皮层便有了光的感觉，这样就完成了一个视觉过程。三种感色蛋白分别吸收红、绿、紫的色光，使感色蛋白破裂产生脉冲传到大脑皮层，便能感到某种颜色。每种蛋白破裂之后，需要在1/16秒之内重新合成，形成持续准确的色感。有的感色蛋白破坏了之后不能及时合成，人的色彩感觉就会迟钝或感觉成其他颜色，这就是某种色的色弱现象。有的人根本看不到某种颜色，是因为缺少某种感色蛋白，于是出现色盲现象。色弱的人，对物体色知觉的第一印象是正确的，但由于他受到某种色光刺激后，破裂的感色蛋白不能及时合成再去接受继续刺激产生色知觉，这时处于与之相对应的那种蛋白十分活跃，因而使他产生一种对应色的色知觉，所以色弱的人迟钝的色知觉总是该色的补色。

第三节 ｜ 色彩的错视现象

在画面中，有时某一个形和另一个形互相影响：或一个形比另一个形显得小，或显得大，或显得歪斜，这都是视觉在欺骗我们。错觉是人们在长期实践中发现的一种不可避免的视觉感受，它是由于在观察物体及其所在环境条件的共同作用下，使人从心理或生理上产生一种不可避免的错误的视觉影像。所以，它也会让我们"看到"并"读取"到与实际颜色不同的其他色彩。物体的色彩是客观存在的，但视觉感受在很大程度上是主观的东西在起作用。当人的大脑皮层对外界刺激物进行综合分析，发生困难时就会造成错觉；当前知觉与过去经验发生矛盾时，或者思维推理出现错误时，也会引起错觉。

视错觉现象也被称为视觉色彩补偿现象。人的视觉对色彩需求体现出一种生理的平衡，即人眼看到任何一种颜色时，总要求它的相对补色来补偿，如果客观上这种补色没有出现，眼睛就会自动调节，在视觉中制造这种颜色补偿，进而出现视错觉现象（图3-3~图3-5）。

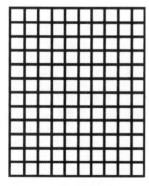 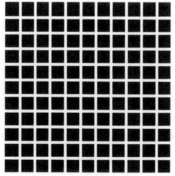 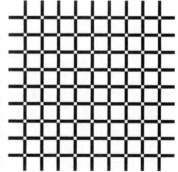

图3-3　黑色线条的横纵交　　　图3-4　白色线条上出现　　　图3-5　黑色线条的纵横交叉点
　　　　叉点出现灰白色小方块　　　　　　灰色十字架　　　　　　　　　上的白色小方块变得更加亮

色彩的错视现象一般分为：图像本身的构造导致的几何学错视，由感觉器官引起的生理错视，心理原因导致的认知错视。

一、几何学错视

把看上去的大小、长度、面积、方向、角度等和实际上有明显差异的错视，称为几何学错视。

即使是同样的形，放在黑底上的白形要比放在白底上的黑形显得大（图3-6），这是人人皆知的德国文豪歌德有关色彩研究上的发现。与此相反，白色与白色、黑色与黑色同色并置时，则要看对比的效果，即被较大图形包围的形看起来显得小。如图3-7、图3-8所示，虽然中心的圆一个看似较大、一个看似较小，但实际上两者同样大小。

图3-6 黑底上的方形显得比白底上的大

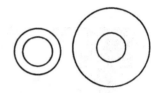

图3-7 白色图形并置的几何学错视

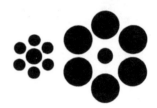

图3-8 黑色图形并置的几何学错视

二、生理错视

生理错视主要来自人体的视觉适应现象，人的感觉器官在接受过久的刺激后会钝化，也就造成了补色及残像的生理错视，其中就包括"跳棋阴影错视"。

美国爱德华博士于1995年所发表的"跳棋阴影错视"，从图3-9（a）可以看到同一块颜色的纸片在不同格子上，我们所看到的颜色发生了变化，但事实上它的物理属性并未发生变化，我们看到的都是错觉。为了更直观地看清事实（红箭头所指的两个方块是完全相同的两个方块），接下来，利用软件中的白色逐步遮挡住其周围的一部分区域，如图3-9（b）（c）（d）所示，最后只剩两块对比区域，此时可以明显地看出两方块颜色是一样的。

三、认知错视

认知错视主要来自人类的认知恒常性，属于认知心理学的讨论范围。认知错视又分为多意视图和矛盾空间两种。

1. 多意视图

在图形与背景的观察问题中，以"鲁宾杯"最有名（图3-10）。根据视觉注意的是图形还是背景，决定了看到的是杯子还是人脸。这是因观看视点不同而产生反转的多意视图，深得现代画家和设计师十分喜爱（图3-11）。

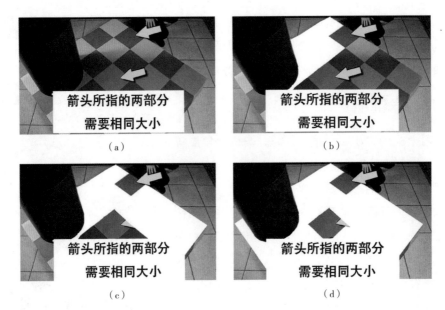

图3-9 西洋跳棋阴影错视

图3-10 鲁宾杯

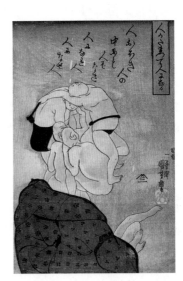

图3-11 《乍看很可怕，其实是个大好人》歌川国芳

2. 矛盾空间

矛盾空间的形成通常是利用视点的转换和交替，在二维的平面上表现出三维的立体形态，但在三维立体的形体中显现出模棱两可的视觉效果，造成空间的混乱，形成介于二维和三维之间的空间。它在平面设计中违背了透视原理，造成光影效果的一种错乱，使图形随着视线的改变呈现出不同的形体关系。简单来说，它利用了人类视觉对光影的感知，而让人错误地认为展现出的图形为三维的立体形态（图3-12）。

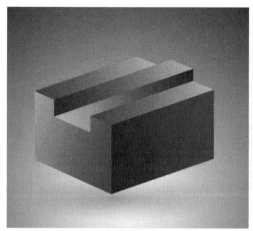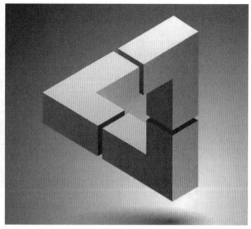

图3-12 矛盾空间

矛盾空间在平面上再现了空间里不可能的现象，它的魅力在于充满了想象和机智的情趣，成为一种特殊的构成形式，在设计领域中广泛应用。矛盾空间是从现实空间变化转换而来的，显示了设计的趣味和巧妙的一面，需要非凡的想象力和空间意识，已经成为不可忽视的设计语言。

第四节 │ 色彩的对比与同化现象

我们生活在一个被各种各样色彩包围的世界，在观察一个颜色时，必然受到周围颜色的影响，周围的颜色总是和被观察色同时进入眼睛，并且强化或弱化彼此之间的差距。当被观察色的环境发生变化时，颜色的视觉感受也会随着环境的变化而发生变化。

这种颜色与颜色之间互相影响，强化彼此之间差异的现象，称为对比现象；而颜色与颜色之间互相影响，弱化彼此之间差异的现象，称为同化现象。对比现象又分为继时对比和同时对比两种。

一、色彩的对比

1. 继时对比

当人们在强烈的阳光下看物体后，眼睛虽然已从物体上移开，但是眼睛里仍然残留刚才看到的物体的影像。这种虽然没有物理上的光线，但还是能看到物体影像的现象叫做后像，也叫继时对比，是时间上相邻颜色的对比。

继时对比可分成两种：一种是正后像，一种是负后像。

（1）正后像是一种与原来刺激性质相同的感觉印象。例如，在黑暗的深夜，看到街边一盏明亮的灯，然后闭上眼睛，黑暗中就会出现那盏灯的影像，这一影像称为正后像。正后像的应用在生活中很常见，日光灯的工作原理就是利用正后像，它的灯光是快速不断闪动的，频率大约是100次/秒，由于眼睛的正后像作用，看到它是持续发光的。电影也是利用这个原理，胶片以24张/秒的速度放映，视觉的残留便产生错觉，所以才能看到银幕画面是连续的。

（2）负后像是一种与原来刺激相反的感觉印象。正后像是神经在尚未完成工作时引起的，负后像是神经疲劳过度所引起的，因此其反应与正后像相反。例如，光亮部分变为黑暗部分，黑暗部分变为光亮部分。再如，在计算机前连续几小时操作，长时间注视计算机屏幕上的绿色文字，再看白色物体，都会产生粉红色的影像。负后像色彩错觉一般都是补色关系的，如红——绿、黄——紫、橙——蓝、黑——白，如图3-13所示。

图3-13　补色关系的色彩负后像

2. 同时对比

同时对比的特点：被测色和标准色的面积都比较大；对比色在色相环上的距离越远，对比的效果就越差；有彩色在进行对比时，明度差越小，效果越明显。

同时对比分为六种：色相对比、明度对比、纯度对比、色阴对比、补色对比、边缘对比。

（1）色相对比。不同色相的颜色放在一起进行配色时，就会发生色相对比，眼睛为了识别颜色，会自动强化两个颜色之间的差异。如图3-14所示，同样的黄颜色，放在

图3-14　色相对比

红色的背景上时，黄色看起来更加清晰，并且颜色有些泛绿，这是由于红色的心理补色是绿色所引起的现象。放在绿色的背景上时，看上去就没有那么清亮了，同时颜色有点泛红，这是由于绿色的心理补色是红色导致的。特点：高纯度色进行色相对比时，对比效果会更加明显。

（2）明度对比。不同明度的颜色搭配在一起时，由于颜色的明度不一样，就会出现颜色明度感觉上的变化。原本明度高的颜色看上去更加明亮，而明度低的颜色则看上去更加灰暗，这种现象就是明度对比。如图3-15所示，同样的中灰颜色，放在黑色的背景上时，中灰色看起来更亮；而放在亮灰色的背景上时，中灰色的色块好像变暗了。特点：色相差和纯度差越小，对比效果会更加明显。

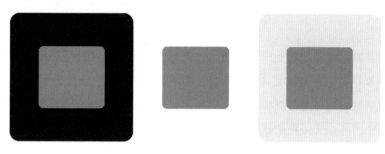

图3-15　明度对比

（3）纯度对比。不同纯度的颜色搭配在一起时，由于颜色的纯度不一样，就会出现颜色纯度感觉上的变化。原本纯度高的颜色看上去更加鲜艳，而纯度低的颜色则看上去更加混浊，这种现象就是纯度对比。如图3-16所示，同样的中纯度红色，放在高纯度的红色背景上时，中纯度红色看起来变黯淡了；而放在低纯度红色背景上时，中纯度红色看起来变鲜艳了。特点：色相差和明度差越小，对比效果会更加明显。

图3-16　纯度对比

（4）色阴对比。当把无彩色放置在有彩色当中时，被有彩色包围的无彩色看上去泛有彩色的心理补色，这种现象称为色阴现象。这是眼睛在看到无彩色的灰色时，作为背景色的有彩色的心理补色和中间的色彩重合起来而产生的效果。如图3-17所示，同样的亮灰色，放在红色的背景上时，亮灰色看起来会带有红色的心理补色——绿色的感觉。放在绿色的背景上时，亮灰色看起来会带有绿色的心理补色——红色的感觉。

图3-17　色阴对比

（5）补色对比。当搭配在一起的两个颜色是补色关系时，这两个颜色看起来会变得比原来更加鲜艳，这种对比称为补色对比。如图3-18所示，当红色和绿色搭配在一起时，可以清楚地看到，放在红色上的绿色变得比原来更鲜艳了；而把它们反过来，放在绿色上的红色同样也变得更加鲜艳。

图3-18　补色对比

（6）边缘对比。在色彩搭配时，当不同色块相邻时，即无论是色相、明度还是纯度要素不同，都会在它们相邻的边缘产生对比变化，这种对比效果叫边缘对比。如图3-19所示，将无彩色色块从明到暗有序排列，并使它们边缘相邻时，由于相邻色块的明度不同，会产生明度对比。处于中间的色块由于与左右两侧色块的明度不同，会出现感觉处于中间的色块颜色的变化——中间的色块在靠近明度较高的左侧颜色会感到更深，而在靠近明度较低的右侧颜色会感到更浅，从而产生边缘对比。

图3-19 边缘对比

二、色彩的同化

色彩的对比是强化色与色之间的差别，与之相反，色彩的同化则是缩小色与色之间的距离。这个距离包括色相、明度与纯度，所以可以分为色相同化、明度同化和纯度同化。同化现象是由贝路德发现的，所以又被称为贝路德效果。

1. 色相同化

背景色的颜色受到图案的影响，使背景色的色相与图案色的色相看上去更接近的现象称为色相同化。如图3-20所示，在红颜色的背景上画上黄颜色的网格时，红色看上去变成了橙色；而在红颜色的背景上画上蓝颜色的网格时，红色看上去变成了紫红色。

图3-20 色相同化

2. 明度同化

背景色的颜色受到图案的影响，使背景色的明度与图案色的明度看上去更接近的现象称为明度同化。如图3-21所示，在绿颜色的背景上画上白颜色的网格时，绿色看上去明度变高了；而在绿颜色的背景上画上黑颜色的网格时，绿色看上去明度变低了。

图3-21 明度同化

3. 纯度同化

背景色的颜色受到图案的影响，使背景色的纯度与图案色的纯度看上去更接近的现象称为纯度同化。如图3-22所示，在中纯度的红颜色的背景上画上鲜艳红色的网格时，中纯度的红色看上去纯度变高了；而在中纯度的红颜色的背景上画上灰颜色的网格时，中纯度的红色看上去纯度变低了。

图3-22　纯度同化

第四章

色彩的心理学基础知识

教学内容

1. 色彩的性格联想
2. 色彩的心理效应
3. 色彩的风格与定位

课时导向

6 课时

重点

1. 色彩的冷与暖
2. 色彩的风格与定位

难点

色彩的心理效应

课前准备

1. 阅读视觉心理相关书籍
2. 学习《色彩构成》，为本课程学习做好相应的准备

当色彩，即不同波长的光作用于人的视觉器官，在视网膜上产生刺激后，视锥细胞与视杆体细胞就把这种光的信息通过视觉神经传入大脑，大脑经过思维，与以往的经验产生联系，得出结论。这种认识过程的产生与发展，在主体出现生理反应的同时引起情感、意志等一系列心理反应，这就是色彩的视觉心理过程。

维瑞蒂在《色彩观》中所言："色彩被视为一般大众生活中一项强大的感情因素。大家最有兴趣的自然是色彩对心理和情绪的影响，虽然科学界和医学界对此抱持怀疑态度，这个层面显然是一般人普遍关心的话题，使得这个基本上属于主观范畴的问题大获重视。"

色彩的视觉心理感受与人们的年龄、性别、教育程度、社会经验、工作生活环境甚至民族、国家都有关系，即使是同样的颜色，也能产生不同的心理反应，故而色彩的心理学现象是十分复杂的。但一般来说，色彩感情的联想具备共通性，这要求设计师要对每一种颜色有基本的了解，利用色彩语言的共通性与差异性，把色彩的力量发挥到最大。

第一节 | 色彩的性格联想

颜色能够直接影响到人的情绪，让人快乐或悲伤，开心或痛苦，这和色彩的性格联想是分不开的。由于每个人年龄、性别、教育水平、生活经验、工作经历的差异，对色彩的感性认识也不同，进而产生对色彩的共同性及差异性联想。因此，即使是同样的颜色，对它的反应却往往是因人而异的。例如同样的绿色，有人能感受它的生活力和希望，有人则感觉到了痛苦和死亡。但一般来说，色彩感情的联想是有共通性的。

一、红色

红色，位于可见光光波的极限附近，是可见光谱中光波最长的色彩，容易引起注意，但不适合长时间注视，会引起视觉疲劳。它能使肌肉紧张、血液循环加快，是兴奋、刺激、奔放、热烈、冲动的色彩。在工业安全用色中，红色常用于警告、危险、禁止的标志色，看到红色标示时，常不必仔细看内容就能了解警告危险之意。纯度较高的红色常被用来传达喜庆、热闹、温暖、庄严、吉祥和幸福等含义（图4-1）。

红色是一个张力很强的色彩，性格强烈且外露，饱含着呼之欲出的力量，所以红色不论是大面积使用还是与其他色彩搭配使用，都很容易成为视觉的中心。因色相、明度、纯度不同，不同的红色在服装的运用中会产生不同的性格联想：正红色热情向上，纯度处于饱和状态，鲜艳夺目，给人积极、主动、热情向上的意象，象征着喜庆、吉祥；浅红色（粉红色）在红色色相的基础上明度提高、纯度降低，比正红色刺激性小很多，给人温柔、稚嫩的感觉，粉红色象征健康，是女性最喜欢的色彩之一，具有放松和安抚情绪的效果；深红色在红色色相的基础上明度、纯度均有所降低，给人以庄严肃穆、深沉、宽容的感觉（图4-2）。

图4-1 红色

图4-2 红色的不同状态

二、橙色

橙色的波长仅次于红色，因此它也具有长波长色彩的特征：使脉搏加速，并让人有温度升高的感受。橙色是十分活泼的光辉色彩，是暖色系中最温暖的色彩，使人联想到金色的秋天、丰硕的果实，因此是一种富足、快乐而幸福的色彩（图4-3）。在工业安全用色中，橙色是警戒色，因为它鲜艳，明视性高，适合做野外活动用品、救生衣、救生艇的用色。橙色很容易让人想到橙子，给人酸中带甜的味觉联想，餐厅里多使用橙色可以增加人的食欲。

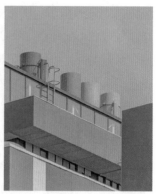

图4-3 橙色

浅橙色（象牙色）：橙色中加入较多的白色会带有一种甜腻的味道，富有温和、精致、细腻、温暖等令人舒心惬意的意味。深橙色：当橙色加入不同分量的黑色时，就会显示出沉着、安定、拘谨、腐朽、悲伤等不同的性格差异，但混入较多的黑色后，则会给人一种烧焦的感觉。橙灰色：当橙色中混入灰色时，具有优雅、含蓄、自然、质朴、亲切、柔和的色彩格调，但如果被掺入过量的灰色，则会流露出消沉、失意、没落、无力、迷茫等消极的神情（图4-4）。

图4-4 橙色的不同状态

三、黄色

黄色波长所处位置偏中，然而光感却是所有色彩中最活跃、最亮丽的，在高明度下能够保持很强的纯度，给人轻快、透明、辉煌、充满希望的色彩印象。由于此色过于明亮，又常与轻薄、冷淡联系在一起，色性非常不稳定，容易发生偏差，稍添加一点别的色彩就容易失去本来面貌。灿烂的黄色，有着太阳般的光辉，象征着照亮黑暗的智慧之光，有着金色的光芒，象征着财富和权力（图4-5）。

图4-5 黄色

黄色也具备不同的色彩状态，如图4-6所示。柠檬黄的纯度高、明度高，具有纯净、孤傲、高贵的原色品质；淡黄色（鹅黄色）是黄色加白淡化的结果，有文静、轻快、安详、香甜、幼稚等意味；当黄色中加入少量补色紫色或黑色，则会丧失黄色特有的光明磊落的品格，表露出卑鄙、妒忌、怀疑、背叛、失信及缺少理智的阴暗心迹，也容易令人联想到腐烂或发霉的物品，所以土黄色在食品设计中是禁用的；黄绿色是在黄色中掺入微量绿色或蓝色，呈现出绿味黄色，给人一种万物复苏的印象，并且含有一种不妥协的意味以及带有几分幽默感。

图4-6 黄色的不同状态

四、绿色

在可见光谱中，绿色波长居中央位置，是一种中性的、处于转调范围的、明度居中的、冷暖倾向不明显的平和优雅的色彩。刺激性适中，因此对人的生理和心理的影响均显得较为平静、温和。常看绿色有消解视觉疲劳的作用，能加速荷尔蒙激素的分泌，调节抑郁、消极情绪，使人的精神振奋、心胸豁达。绿色既能传达清爽、理想、希望、生长的意象，又有一种宽容、大度之感，几乎能容纳所有的颜色（图4-7）。抽象主义画家康定斯基曾说："绿色代表人间的自我满足。"

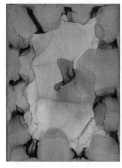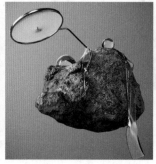

图4-7　绿色

不同的绿色色彩倾向不同，色调鲜亮的绿色，如青草绿、淡绿、嫩绿等传递出青春的气息，充满希望和活力；色调灰暗的绿色，如墨绿、灰绿、褐绿等传递出深沉和忧郁，显得老练成熟；绿色加白提高明度，会表露出宁静、清淡、凉爽、飘逸、轻盈、舒畅的感觉；绿色中融入蓝色呈现出蓝绿色时，会显出神秘、诱人的色彩力量，令人联想到清秀、豁达、永恒、权力、端庄、深远等截然不同的语义（图4-8）。

图4-8　绿色的不同状态

五、蓝色

蓝色在可见光谱中波长较短，在视觉和心理上都有一种紧缩感。蓝色是最冷的色，通常让人联想到海洋、天空、水、宇宙等。由于蓝色其沉稳的特性，具有理智、准确的意象，商务人士经常选择蓝色，因为它代表着自信和稳健。蓝色还蕴涵深邃、博大、朴素、保守、信仰、权威、冷酷、空寂等的象征含义（图4-9）。中国人对蓝色情有独钟，蓝印花布、蜡扎染、青花瓷等蓝色的运用，蕴涵了深邃的文化底蕴和朴素的情怀。在欧洲，蓝色被认为是身份的象征，西方传统宗教题材的绘画作品中，蓝色常被用来描绘圣母所披的罩衣。

图4-9　蓝色

　　不同的蓝色有不同的性格（图4-10）。湖蓝色表现出一种纯净、平静、理智、安详与广阔的特性；蓝色调入白色的浅蓝色，明度提高、纯度降低，原有的亮丽品质发生了变化，有了清淡、缥缈、透明、雅致的意味；蓝色调入黑色的普蓝色，会传达一种悲哀、沉重、朴素、幽深、孤独、冷酷的感觉；而蓝色调入灰色的冷灰蓝则变得暧昧、模糊，易给人晦涩、沮丧的色彩表情。

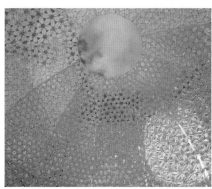

图4-10　蓝色的不同状态（图片来源：高品图像网）

六、紫色

波长最短的可见光是紫色波，明视度和注目性最弱，给人很强的后退感和收缩感。紫色时而尊贵，时而神秘，时而富有威胁性，时而又富有鼓舞性，有时给人以压迫感，有时使人产生恐怖感，含有高贵、庄重、虔诚、梦幻、冷艳、神秘、压抑、傲慢、哀悼等语义（图4-11）。

图4-11　紫色

紫色象征财富、强权与宗教。在中国古代，紫色代表圣人及帝王，如北京故宫旧时被称为"紫禁城"。西方古罗马帝国时期，偏绯红的紫色是君主及贵族的专用色。在基督教中紫色象征主教的等级色彩以及忏悔期和斋戒的色彩，犹太教大祭司的服饰和圣器常使用紫色。

鲜紫色具有优雅、浪漫、高贵、神秘的特性；淡紫色（薰衣草色）是紫色中加入一定的白色，成为一种优美、柔和的色彩，是少女花季时节的代表色，它显示出优美、浪漫、梦幻、妩媚、羞涩、含蓄等婉约的罗曼蒂克情调。蓝紫色是紫色倾向蓝色，传达出孤寂、献身、严厉、恐惧、凶残等精神意念。紫红色是紫色中掺入红色，显得复杂、矛盾，紫红色处于冷暖之间游离不定的状态，加上它的明度低，在心理上常引起消极感，在西方常与色情、颓废等贬义词联系在一起。深紫色（茄子紫）是紫色混入黑色暗化为深紫色，具有成熟、神秘、忧郁、悲哀、自私、痛苦等抽象寓意，世界上很多民族将它看成消极、不祥的颜色。紫色加灰色柔化为含灰紫色时，表示出雅致、含蓄、忏悔、无为、腐朽、病态、堕落等精神状态，紫色原有的高贵感随纯度的削弱而大打折扣（图4-12）。

图4-12 紫色的不同状态

七、白色

白色是光谱中全部色彩的总和，对人的眼睛形成富于耀动性的强烈刺激，让人联想到白雪，具有一尘不染的品貌特质，象征纯洁、神圣、洁净、坦率、正直、无私、空虚、缥缈、无限等。

白色是一个中立的颜色，它的干净和纯洁很容易营造出空灵的意境，但有时也略显乏味。因此在服装设计中，白色经常会使用各种变色，如古董白、乳白、亚麻白、米白、纸白、雪白、珍珠白以及象牙白等（图4-13）。

图4-13 白色

八、黑色

黑色包含了全部的色光，但都不让它反射出来，所以明视度和注目性均较差。黑色的意象呈现出高级、稳重、科技感，是高品质工业产品的用色。黑色会让人联想到力量、严肃、永恒、毅力、谦逊、刚正、充实、忠义、哀悼、罪恶、恐惧等语境意味。

黑色是一个气场强大的颜色，单独使用时，它显示出庄重与高雅，与其他颜色搭配时，它的包容性又能起到很好的衬托作用（图4-14）。

图4-14 黑色

九、灰色

灰色是无彩色，没有色相和纯度的属性，只有深浅不一的明度表现。在生理上，灰色对眼睛的刺激适中，既不炫目也不暗淡，有柔和、安定的效果，是一种最不容易使视觉产生疲劳的色彩。灰色稳定而雅致，表现出谦恭、和平、中庸、温顺和模棱两可的性格，给人以柔和、朴素、舒适、含蓄、沉闷、单调的感觉（图4-15）。

图4-15 灰色

在所有颜色中，灰色最无个性。所以灰色不仅适合大面积使用，还很适合与其他颜色搭配并起到烘托效果：与暖色相配时，表现出冷感；与冷色相配时，表现出暖意。灰色的跨度很大，从灰白至黑灰，个性也不尽相同：接近白色的灰具有白色的特性——缥缈，无力；接近黑色的灰具有黑色的特性——深邃、沉重；中灰色则表现出含蓄、平静和精致（图4-16）。

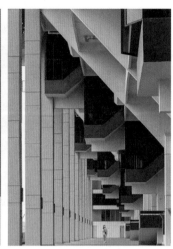

图4-16　灰色的不同状态

综上所述，我们发现无论是有彩色还是无彩色，每个色彩都有不同的性格，色彩性格可以激发人类多种的联想，归纳起来有两类：具象联想和抽象联想。具象联想是指通过色彩的表象与自然存在的具体事物产生的关联，如白云、火焰、树叶、向日葵等；抽象联想是指通过色彩的表象刺激人类大脑，在心理及情感层面产生的关联，如开朗、正义、天真、清爽等。现将色彩的具象联想与抽象联想总结见表4-1。

表4-1　色彩的性格联想

色系	色彩	具象联想	抽象联想
有彩色	红	火焰、鲜血、信号灯、安全帽、草莓	兴奋、热情、活力、冲动、愤怒
	橙	柿子、枫叶、砖瓦、巧克力	温暖、健康、积极、嫉妒、傲慢
	黄	向日葵、柠檬、黄金、龙袍、奶油	开朗、光明、希望、权力、任性
	绿	春天、森林、树叶、草原、西瓜	希望、生命、青春、腐坏（事物长毛）
	蓝	天空、海洋、玻璃、宇宙、钻石	清爽、冷静、博爱、科学、忧郁
	紫	葡萄、薰衣草、丁香、紫水晶、紫藤	神秘、权势、华丽、浪漫、诱惑
无彩色	白	白云、牛奶、珍珠、白雪、白纸	纯洁、正义、明亮、挑剔、冷酷
	黑	丧服、黑夜、眼睛、乌鸦、黑炭	高贵、庄重、坚硬、恐怖、肮脏
	灰	混凝土、计算机主机机箱、灰尘	平凡、低调、雅致、无聊、暧昧

第二节 | 色彩的心理效应

颜色与具体事物联系在一起被人们感知时，在很大程度上受心理因素（如记忆、对比等）的影响，形成心理颜色，这就是色彩的心理效应。虽然不同的色彩会带给人不一样的主观感受，但一般来说，色彩的心理效应存在共性。

一、冷与暖

冷色，如蓝色、蓝绿、蓝紫等色可以让人联想到冰和水，给人凉爽的感觉，称为冷色。暖色，如而红、橙、黄等色可以使人联想到火焰、太阳等事物，给人温暖的感觉，称为暖色（图4-17）。

以上是从狭义概念角度讲的。实际上，红色有成千上万种，铁锈红、玫瑰红、大红、洋红等；蓝色也有成千上万种，湖蓝、宝石蓝、天蓝、海军蓝等，这些不同的红颜色或蓝颜色看上去的冷暖感觉是完全不同的。所以，不能笼统地称红色相就是暖色，而要说让我们感到温暖的红色是暖色；同样的，也不能笼统地称蓝色相就是冷色，而要说让我们感到寒冷的蓝色是冷色（图4-18）。

如图4-19所示，在冷暖倾向不明显的一组颜色中分别加入适量的黄色或蓝色，给人带来这组颜色一起变冷或一起变暖的色彩感受，就像给观察者带上黄色镜片的眼镜和蓝色镜片的眼镜看到的景色一样。因为黄色和蓝色能够整体地支配一组颜色的冷暖倾向，可以以此为依据，观察某个颜色有没有受到黄色或者蓝色的支配，来判断它的冷暖倾向。

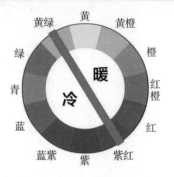

图4-17 色彩的冷与暖

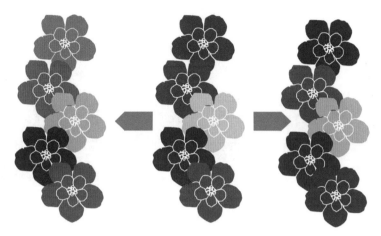

图4-18　色彩的冷与暖

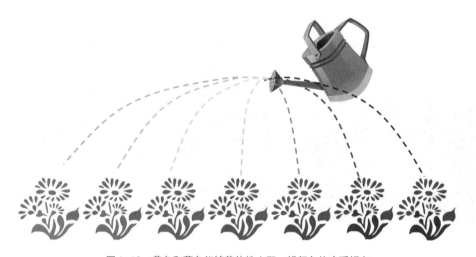

图4-19　黄色和蓝色能够整体地支配一组颜色的冷暖倾向

二、轻与重

色彩有轻重的区别，即使是同样的物体，仅仅通过改变其颜色，就可以改变在观察者心里的重量感。一般来说，高明度色感觉轻，低明度色感觉重。以色相、明度、纯度三属性相比，明度差异是影响轻重感的最大因素（图4-20）。

三、软与硬

色彩有软与硬的区别，当然这不是靠手去触摸，而是通过视觉来感受。通常来说，冷色比暖色感觉坚硬，低明度色比高明度色感觉坚硬（图4-21）。

图4-20 色彩的轻与重

图4-21 色彩的软与硬

四、反射与吸收

暖色和冷色使人从心理上感觉温暖或者寒冷。实际上，有些颜色可以反射光线而不吸收热量，使物体实际温度比较低，而有些颜色吸收光线的同时还吸收热量，使物体实际温度比较高。白色、黄色和浅蓝等明亮的颜色可以反射光线，但却不容易吸收热量，而黑色和紫红色等颜色容易吸收光线和热量。

五、收缩与膨胀

法国国旗红、白、蓝三色的比例为35：33：37，而我们却感觉三种颜色面积相等。这是因为白色给人以扩张之感，而蓝色则有收缩之感，这就是色彩的膨胀与收缩。像红

色、橙色和黄色这样的暖色，可以使物体看起来比实际大。而蓝色、蓝绿色等冷色系的
颜色，则可以使物体看起来比实际小（图4-22）。

图4-22　色彩的收缩与膨胀

物体看上去的大小，不仅与其颜色的色相有关，明度也是一个重要因素。红色系中
像粉红色这种明度高的颜色为膨胀色，可以将物体放大。而冷色系中明度较低的颜色为
收缩色，可以将物体缩小。像藏青色这种明度低的颜色就是收缩色，因而藏青色的物体
看起来就比实际小一些。明度为零的黑色更是收缩色的代表。

六、前进与后退

颜色还有另外一种效果，有的颜色看起来向上凸出，而有的颜色看起来向下凹陷，
其中显得凸出的颜色被称为前进色，而显得凹陷的颜色被称为后退色。天空中大气的密
度是越靠近地面越稠密，所以越靠近地面，天空的色彩越暗淡。离地面越高，色彩纯度
也会越高（图4-23）。

图4-23　天空色彩的远近

前进色包括红色、橙色和黄色等暖色，主要为高纯度的颜色；而后退色则包括蓝色
和蓝紫色等冷色，主要为低纯度的颜色（图4-24）。

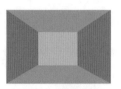

前进色看起来像往前跃　　　后退色看起来像往后退

图4-24　色彩的前进与后退

七、兴奋与安静

色彩心理学上有一个著名的实验，叫做"红色房间与蓝色房间的实验"，就是让被测者蒙上双眼分别在两个房间里待上一段时间，然后测量其血压、脉搏、呼吸次数、肌肉紧张度，结果显示在红色房间的被测者出现血压升高、心跳和呼吸次数上升，肌肉紧张的情况，而蓝色房间的被测者则没有，由此可见暖色比冷色容易让人产生兴奋感。

了解这一特性之后，我们就可以在工作和生活中利用这一点来调节情绪，如在办公室、图书馆等需要安静的场所，可以在室内多用些蓝色；而在卖场、快餐店等需要大众购买、提高销售额的场所，则可以多使用红色、橙色等兴奋色（图4-25）。

图4-25　色彩的兴奋与安静

八、华丽与质朴

当颜色是高纯度色时，它所显示的色彩个性强烈而张扬，相对低纯度色，对人的视觉刺激感比较大，让人产生华丽炫目的印象；而当色彩是低纯度色时，色彩的个性会显得低调、内敛、含蓄、淳朴得多（图4-26）。

图4-26　色彩的华丽与质朴

色彩的心理效应与色彩三属性之间的关系，见表4-2。

表4-2　色彩的心理效应与色彩三属性之间的关系

色彩的感受	色相	明度	纯度
冷与暖	◎		
轻与重		◎	
软与硬	◎	◎	
反射与吸收		◎	
收缩与膨胀	◎	◎	
前进与后退	◎		◎
兴奋与安静	◎		
华丽与质朴			◎

第三节 │ 色彩的风格与定位

　　风格是指某一类事物之间的共同特征，这种特征必须是占主导地位的特征，故又将此称为事物的主导因素。色彩的风格往往是色彩带给人或华丽质朴、或浓重轻柔、或光滑粗糙、或正式休闲的心理感受。在竞争日趋激烈的现代社会，开发出符合消费者心理需求的产品，更多地可以从色彩的风格印象入手，从而实现色、材、型的一致。

一、四风格与色彩搭配

如果将垂直向的明度轴和水平向的纯度轴同时放置于色调图中，可以将整个色调图分为四个区域，其中明度轴的上下分别是高明度和低明度区域，一般来说，高明度色彩会显得轻柔，低明度色彩会显得厚重；而纯度轴的左右分别是低纯度和高纯度区域，一般来说，低纯度色会显得安静，高纯度色会显得动感十足（图4-27）。

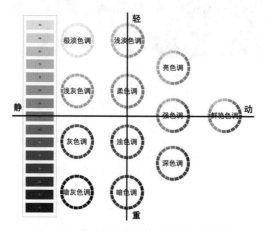

图4-27　将色调图按明度轴与纯度轴划分

上图中的四个区域，分别是高明度＋低纯度区域、低明度＋低纯度区域、高明度＋高纯度区域、低明度＋高纯度区域。四个区域分别给观者带来轻＋静、重＋静、轻＋动、重＋动的感受，总结出来，就是洗练感、信赖感、亲近感、力动感（图4-28）。

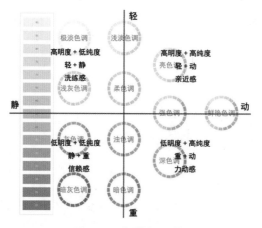

图4-28　色彩的四风格

1. 洗练感

洗练，即将累赘的、不需要的部分去除，所以这必然是提倡简约主义的风格。洗练感的风格区域主要包含极淡色调、浅灰色调以及浅淡色调和柔色调，其中极淡色调为主要风格区域，它往往带给人纤细斯文、低调品位以及娴静柔软的视觉感受（图4-29）。

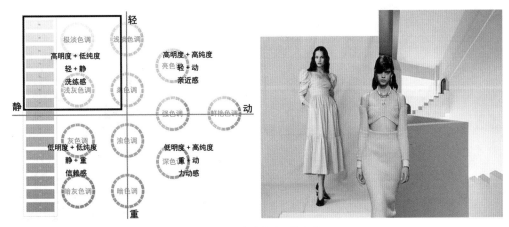

图4-29　洗练感的风格色彩

2. 信赖感

色彩明度降低之后带给观者的厚重和硬朗感是不言而喻的，从而会让人对产品的质量产生信赖感。信赖感的风格区域包括暗灰色调、灰色调以及暗色调和浊色调，其中暗灰色调为主要风格区域，它往往带给人结实硬朗、古典传统以及怀旧格调的视觉感受（图4-30）。

图4-30　信赖感的风格色彩

3. 亲近感

亲色调由于其在色相中少量的加白，导致其带有乐观、积极、年轻的色彩态度，是非常亲民的色调，大多数人都会对其轻易产生好感，可以拉近与消费者的距离。亲近感的主风格区域是亮色调，当然还包括强色调和鲜艳色调，它可以带给人活泼开朗、轻松悠闲、轻松童趣的视觉感受（图4-31）。

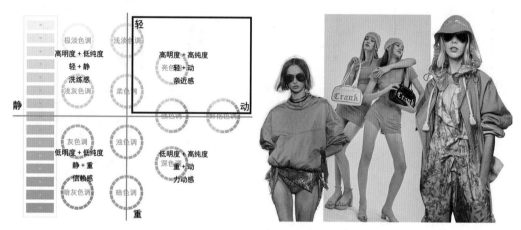

图4-31　亲近感的风格色彩

4. 力动感

力是指力量感，即明度低，动是指运动感，即纯度高，这样的组合色彩风格非常具备存在感。力动感的风格区域包括深色调以及强色调、鲜艳色调，其中深色调为主要风格区域，它往往带给人成熟大胆、浓厚丰润、异域张扬的视觉感受（图4-32）。

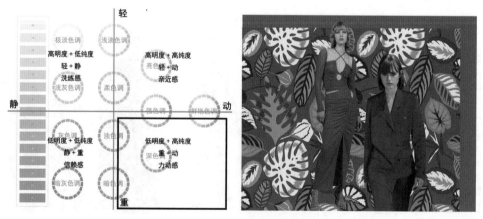

图4-32　力动感的风格色彩

以2022年流行色中关键颜色中的四种为例，明确表达四种风格区间，如图4-33所示。

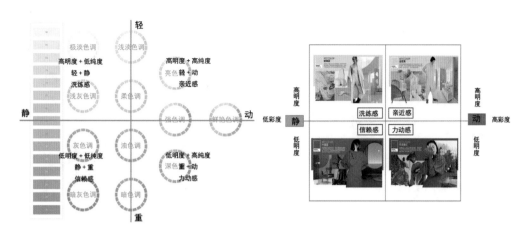

图4-33 四种风格区间表现

二、九宫格与色彩搭配

四风格板块有时候无法做到色彩上更细致的表现，为了通过色彩搭配呈现微妙的细节变化，我们需要九宫格。九宫格是将明度分为高、中、低三个维度，只调整明度会看到颜色明暗、轻重、软硬的变化；将纯度分为高、中、低三个维度，可以看到高纯度色鲜艳跳跃、中纯度色柔和质朴、低纯度色温和雅致。将明度和纯度的三个维度结合所得色彩置于九个区域中（图4-34），从而形成不一样的色彩感受。

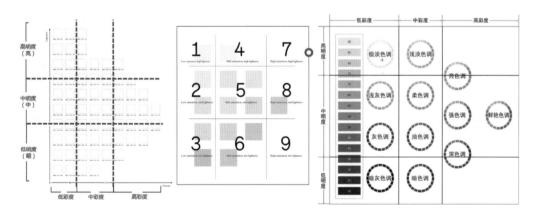

图4-34 色彩的九个区域

1. 第一色域（高明度低纯度）

这一区域处于明度高、纯度低的位置，带给人通透、纯粹、洁净、纤细、轻柔的感觉，由于加入少许灰色，该区域适合成熟女性的主题，有一丝缓慢的感受，是成熟、优雅并存的效果（图4-35）。

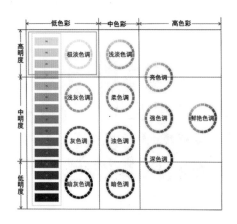

图4-35　第一色域

2. 第二色域（中明度低纯度）

这一区域处于明度中、纯度低的位置，带给人都市、柔和、端正、精致、古朴的感觉，暗色的厚重感与浊色的稳定性结合在一起，该区域适合都市的主题，甚至有一种时间的停滞感，带来高级趣味性（图4-36）。

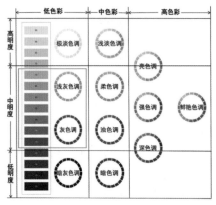

图4-36　第二色域

3. 第三色域（低明度低纯度）

这一区域处于明度低、纯度低的位置，带给人信赖、稳重、古典、传统、怀旧的感觉，它将力量收敛起来，形成有气势、庄重的色彩感觉。与男性相关的用品中常常出现该色域用色，体现力量、规律、自律等特点（图4-37）。

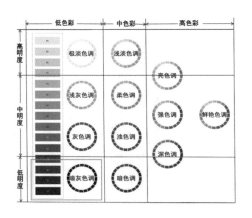

图4-37 第三色域

4. 第四色域（高明度中纯度）

这一区域处于明度高、纯度中的位置，带给人浪漫、优美、清甜、舒适、亲和的感觉，该区域是在纯色的基础上加入白色得到的色彩，没有了纯色的激烈和娇艳，该色域显得干净、柔和，成为最容易让人产生好感的色域，经常用于女性、儿童及家居产品的主题中（图4-38）。

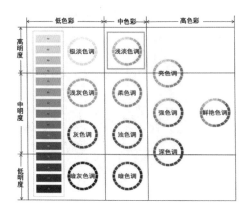

图4-38 第四色域

5. 第五色域（中明度中纯度）

这一区域处于明度中、纯度中的位置，带给人自然、田园、平和、安稳、放松的感觉，该区域位置紧靠纯色，纯度略低，明度与纯色基本一致，所以该区域色彩比较特殊，兼顾纯色和浊色的双重特性。也就是说，在靠近纯色的地方，由于灰色的作用，色彩呈现出稳定的动感与活力；在远离纯色的地方，色彩呈现出浊色含蓄的本质，呈现出自然、田园的气息（图4-39）。

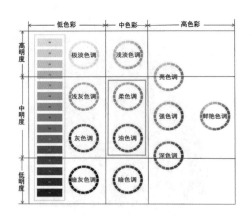

第五色域
中明度中彩度

图4-39　第五色域

6. 第六色域（低明度中纯度）

这一区域处于明度低、纯度中的位置，带给人饱满、充实、浓厚、强韧、大气的感觉，该色域是纯色加少许黑色形成，具有稳定的丰润感和凝滞感，健康的纯色加上紧致的黑色，表现出很强的力量及奢华的感觉（图4-40）。

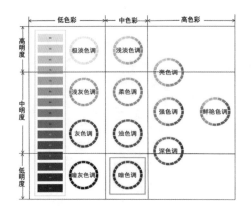

第六色域
低明度中彩度

图4-40　第六色域

7. 第七色域（高明度高纯度）

这一区域处于明度高、纯度高的位置，带给人明快、愉悦、朝气、韵律、青春的感觉，该色域是纯色加少许白色形成，其降低了纯色的开放性与对立感，变得爽快、明朗，体现出健康与活力的感觉，很好地传递出运动感和时尚感（图4-41）。

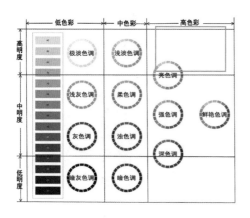

图4-41 第七色域

8. 第八色域（中明度高纯度）

这一区域处于明度中、纯度高的位置，带给人鲜明、热闹、刺激、积极、能力、热情的感觉，该色域常用于与儿童相关的产品中，如玩具、书籍、服装、环境装饰等，这是因为该区域色有着其开放、健康、积极的情感效果，也因此带来血气方刚、不稳重、不成熟的感觉（图4-42）。

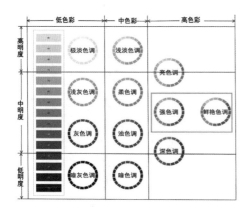

图4-42 第八色域

9. 第九色域（低明度高纯度）

这一区域处于明度低、纯度高的位置，带给人野性、张扬、性感、华丽、光泽的感觉，该色域在第八色域的基础上加入少量的黑色，使其明度降低，虽然颜色依然鲜艳，但相较于第八色域又增加了重量感，有大胆、性感、异域的感觉（图4-43）。

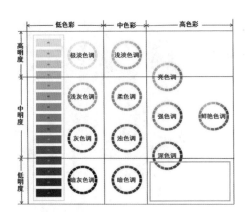

图4-43 第九色域

九个色域九组风格，如图4-44所示。

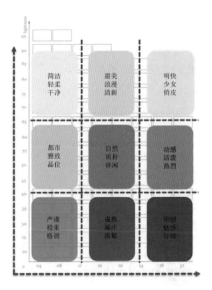

图4-44 九色域总结

第五章

服装色彩的设计原则

教学内容

1. 调和型配色
2. 对比型配色

课时导向

6 课时

重点

1. 服装色彩形式美法则
2. 对比型配色——色相对比

难点

对比型配色——色相对比

课前准备

1. 广泛阅览并收集服饰图片
2. 了解形式美法则，在《色彩构成》课程中先完成色彩三要素单项对比内容的学习

　　玛利翁曾说过："声音是听得见的色彩，色彩是看得见的声音。"服装色彩是服装感官的重要因素，有一种难以用言语形容的美感，不仅可以表达服装设计的精致和艺术，还可以透出着装者的吸引力与感染力。如果想让色彩在服装上得到淋漓尽致的表现，学习其设计原则显得尤为重要。服装色彩设计原则是服装色彩设计的总体思路和指导方针，其大致可分为调和型配色和对比型配色两大类。

第一节 | 调和型配色

　　调和型配色，目的在于创造和谐与美的色彩关系。经营色彩的位置、面积、形态、空间相互间的关系，形成多样统一、整体和谐的视觉效果，就算是调和型的配色。调和型配色可以依靠形式美的基本规律——均衡、比例、节奏三大法则来实现。

一、均衡

　　均衡原是物理重力学的一个名词。这里是指服装色彩组合后，其对比的强弱、轻重，给人以生理、心理上平稳、安定与否的视觉感受，即色彩搭配的合理性、匀称性、美观性。均衡有对称均衡、非对称均衡和不均衡三种形态。

　　对称均衡还分为左右对称、放射对称、迴转对称以及放大对称。

　　人体从正面观察时中心轴线左右两边等形、等量，称为左右对称，也称绝对均衡。因此，人们大部分常用的服装也是左右对称的款式，其特点是庄重大方、四平八稳，但也感拘谨、呆板、平淡、乏味，特别是镜中映像式对称更为明显，如图5-1所示。

　　幸亏人体经常处于活动状态之中，产生一定的生动、活泼之感，在一定程度上弥补了这种不足。

　　放射对称也称中心对称，是以放射点为中心，等角度排列的对称形式，状如树叶的叶脉，如图5-2所示。

　　迴转对称也称逆对称，状似风车的形态，如图5-3所示。虽然中轴线两侧等形等量，但经移动、错位、迴转后，形态按一定规则重新配置。

　　放大对称，是指形态按一定的比例同心放大，状如"一石激起千重浪"的水波圈纹样，如图5-4所示。

　　非对称均衡也称相对均衡。以中轴线、中心点为准，两边呈不等形不等量，但又基本接近的非对称形式。生理、心理仍有相对稳定、舒适的观感。非对称均衡状态下的服

图5-1 对称均衡——左右对称

图5-2 对称均衡——放射对称

图5-3 对称均衡——迴转对称

图5-4 对称均衡——放大对称

装配色，表现出生动、丰富、多变、灵活、微妙、新颖的特点，更具有情趣感，也是常用的一种美感设计形态（图5-5）。

图5-5 非对称均衡

不均衡也分服装款式对称、色彩不均衡以及服装款式不均衡、色彩也不均衡两种形式。

不均衡的配色设计往往以中轴线、中心点为准，两边不等形、不等量，相差较大呈不均衡状态，视觉生理、心理有失衡、不稳定的感受。这在一般情况下认为是不美的，使用相对较少。但是，在特定的条件和环境中，此种标新立异、奇思妙想的不均衡美被认为是一类新的美感形式，也逐渐被人们所接受。这种形式在晚礼服、舞台服、表演服、前卫服中使用较多，能给人以争奇斗艳、出乎意料、拍案叫绝的惊艳之感，如图5-6所示。

二、比例

比例是指服装色彩各部分彼此之间的对比性、匀称性，是指整件（套）服装中部分与整体、部分与部分之间长度、面积的比较关系。它们有以下三种类型：理想比例、非理想比例、流行比例。

图5-6　不均衡配色

理想比例又称黄金比例，是古希腊人根据自然启示而总结出的经典发现。绝对值是1：1.618，为了使用方便，通常将它简约成2：3、3：5、5：8、8：13，常用的搭配是2：3、3：5、5：8组合。服装上下、内外、前后各部分之间的配色设计，如遵循这一等比关系，则可取得典雅、自然、和谐的美感，如图5-7所示。

生活是丰富多彩的，服装是千变万化的，实际设计中不可能处处生搬硬套理想比例。所以，大量的非理想比例被广泛应用，这种灵活、多变的形式很难用统一、标准的数字来标明，只能是随机应变地在实践中不断去创新、发现，如图5-8所示。

服装流行在很大程度上是面积、长度尺寸的变化，是常规、标准服装比例的延伸和创新。长长短短、宽宽松松、长衣短裙、短衣长裙等，像万花筒一样变化，永无止境（图5-9）。作为一名服装设计师，至关重要的是必须随时掌握这方面的流行信息和变化动态。

图5-7　理想比例配色

图5-8　非理想比例配色

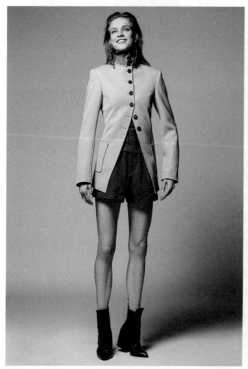

图5-9　流行比例

三、节奏

节奏也称节拍。原是音乐、诗歌、舞蹈等艺术领域中的词汇。有规律的重复和强弱交替的间隔形成节奏，它带有时间性、运动性及方向性的特征，人们能通过听觉或视觉感知这种形式美的存在。服装色彩设计中，调动色相、明度、纯度、面积、形状、位置等要素进行变化，在反复、转换、聚散、重叠、呼应中形成节奏、韵律美感。节奏一般有如下三种形式：重复性节奏、定向性节奏、多元性节奏。

重复性节奏也称往返式节奏，重复性节奏用较短时间周期的重复，达到统一的目的，带有一定的理性和机械性。它以单位形态和色彩有规律地循序反复，表现为：强—弱—强，粗—细—粗，深—浅—深，鲜—灰—鲜，冷—暖—冷等。例如，四方连续图案的面料（特别是条、格纹样）及二方连续装饰花边的使用（图5-10），均能体现出节奏美感。

定向性节奏也称渐变式节奏，指将服装色彩按某种定向规律做循序排列组合，它的周期时间相对较长。形成或由浅入深、或由鲜到灰、或由大到小、或由冷到暖，或相反形式的布局（图5-11）。定向性节奏给人以反差明显、静中有动、高潮迭起、光色闪耀的审美体验。

多元性节奏比较复杂，它是由多种简单性节奏或定向性节奏综合应用而成，如图5-12所示，这种多元表现按一定规律

图5-10　重复性节奏

图5-11　定向性节奏

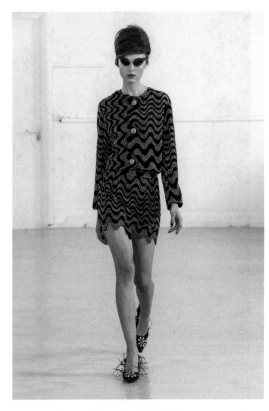

图5-12　多元性节奏

排列的效果，具有动感强烈、层次丰富、形式多样的特征。

第二节 │ 对比型配色

有比较才有鉴别，就单个色彩而言，很难评价其美与不美，只有当它们经过选择、组合后，才能产生对比审美效果，就好比"一只碗不响，两只碗叮当"的道理。服装色彩的对比是存在的，这种立足于对比的观点来组织服装色彩的配合关系并讨论不同对比的服装色彩带给人美感效果的论述，就是服装色彩的对比美。

服装色彩对比应具备以下条件：服装色彩与着装者及环境的色彩同时存在；时间、空间的一致性；具备比较清楚可见的区别；对比应在色彩同一范畴、同一属性或同一发展阶段进行。

色彩的差别虽然巨大，但总是按照同一属性来比较，而且不同属性的对比情况不一，效果各异，具有一定的研究意义。

一、色相对比及其类型

两个以上（包括两个）色彩组合后，因色相不同而产生的色彩对比效果称为色相对比，它是服装色彩对比的显著与根本。其对比强弱程度取决于色相在色相环上所处的位置和形成的角度（距离），角度越小对比越弱，角度越大对比越强。

1. 零度对比

（1）无彩色对比。无彩色虽然为零色相，但它们的组合在服装色彩设计中很有实用价值。黑色的裤子上搭配白色衬衫是生活中经常用到的日常搭配，黑、白作为明度对比最为强烈的两种色彩，会使人惊艳，制造出鲜明抢眼的效果，而且看起来优雅、时尚、干练并充满自信，如图5-13所示。

图5-13　无彩色对比——黑白色

黑色、白色与不同明度的灰色也有搭配，但相对于黑白阴阳互补的炫目感，黑色、白色与灰色的搭配则会显得相对阴沉、模糊，具有神秘感，如图5-14。

图5-14　无彩色对比——黑、白色与不同明度的灰色

除了用无彩色进行上下两截式的搭配之外，我们运用得更多的是将无彩色组合成不同的图案在服装上展现。例如，经典的黑白条纹、黑白波点、黑白与不同层次的灰组成的各式格纹，这些都是进行服装设计时可以用到的丰富素材，而这样的无彩色图案可以

让服装看上去愉快、有趣并充满活力（图5-15）。

图5-15 无彩色组合图案在服装上的表现

（2）无彩色与有彩色对比。例如，黑与红、白与蓝、灰与粉，或黑、白、紫，或白、灰、黄，或深灰、中灰、绿等色的组合，感觉既大方又活泼，现代感极强。无彩色面积大时，偏于成熟、优雅，适合年龄层级较高，而有彩色面积大时，则相对活泼、青春，使用年龄较低（图5-16）。

图5-16 无彩色与有彩色对比

（3）同种色相对比。一种单色相不同明度或不同纯度变化的对比，俗称姐妹色搭配。例如，深蓝和浅蓝的组合，以及深绿、中绿和浅绿的组合。这种对比不包含其他色相的关系，会自然产生一种调和、雅致的感觉，在明度及纯度不同变化的基础上，甚至可以产生渐变的视觉效果（图5-17）。

图5-17　同种色相对比

（4）同种色相与无彩色对比。例如，蓝、浅蓝、白或深红、浅红、黑等色的组合，由于对比效果兼收并蓄了同种色相对比与无彩色、有彩色两种类型的优点。所以感觉大方、稳定，同时增加了色彩的层次性和活跃度，如果在色相运用中选择当季的流行色，则效果会更明显（图5-18）。

图5-18　同种色相与无彩色对比

2. 强调对比

（1）邻近色相对比。距离约30°左右色相的组合，感觉统一、和谐、柔软。如图5-19中色相环中的红、黄味红及紫味红，因其左右的关系，距离近且反差小，使得色彩对比效果统一又有变化，为初学者较为容易掌握的配色方法。但由于关系过于接近，使其远视效果较差，故很少直接运用，往往加入明度及纯度差来加强对比效果。

图5-19　邻近色相对比

（2）类似色相对比。距离60°左右色相的组合较之邻近色相对比的反差、强度虽然有所加大，但它们"色以类聚"，彼此有着共同因素，如黄与橙色以及黄与绿色，红味橙与红味黄。相较于邻近色相对比，它的远视效果较好，是一种良好的服色搭配方案，可以在保证效果丰富、活泼的基础上保持统一和调和（图5-20）。

图5-20　类似色相对比

（3）中差色相对比。距离90°左右色相的组合，是一种色相对比反差强烈，但还守住调和底线的类型，如黄橙色与绿色，红色与黄橙色等。这类服装色彩组合效果鲜明、轻快、活泼、热情，较邻近色、类似色两种色相对比均有加强，显得更加丰富（图5-21）。

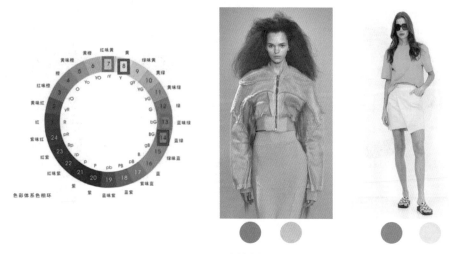

图5-21　中差色相对比

3. 强烈对比

（1）对比色相对比。距离120°左右色相的组合。如黄绿与黄味红、蓝绿与黄橙等色的对比。其对比效果强烈、醒目、有力，但不够统一，容易感觉杂乱、刺激、火爆，造成视觉疲劳，可以通过扩大对比双方的色彩面积或者增加明纯度的变化来调和该对比效果（图5-22）。

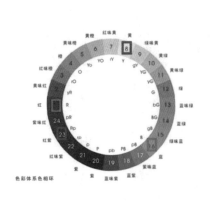

图5-22　对比色相对比

（2）补色对比。色相距离为180°，即色相环上通过圆心直径两端的色相组合，如黄与蓝紫、橙与蓝、红与蓝绿等色对比。其对比效果特别强烈、炫目、火爆，也最有力量，直接使用容易产生幼稚、原始、粗俗、生硬的不协调感（图5-23）。

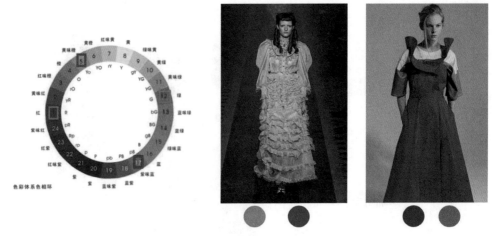

图5-23　补色对比

4. 色相对比及其类型总结

　　色相对比的配色法则是基于色相环进行的色彩搭配（图5-24）。其中两色或多色角度接近0°或者位置接近的配色，统称为零度对比；邻近色相、类似色相以及中差色相均属于调和色相对比，其中邻近色相对比的色相角度为30°，类似色相对比的色相角度为60°，中差色相对比的色相角度为90°；最后，对比色相、补色色相属于强烈色相对比，其中对比色相对比的色相角度为120°，补色色相对比的色相角度为180°。

图5-24　色相对比及其类型总结

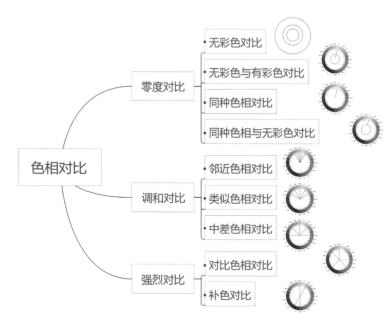

图5-24　色相对比及其类型总结

二、明度对比及其类型

美国的美学家鲁道夫·阿斯海姆曾经说过："严格说来，一切视觉表象都是由色彩和亮度产生的。那界定形状的轮廓线，是眼睛区分几个亮度和色彩方面都截然不同的区域推导出来的。"明度对比的重要性可见一斑。明度对比是指色彩明暗程度的对比，是将两个以上不同明度的色彩并置所呈现的视觉效果。根据明度色标，如果将明度分为10级，0度为最低，10度为最高。明度在0~3度的色彩称为低调色，4~6度的色彩称为中调色，7~10度的色彩称为高调色，如图5-25所示。

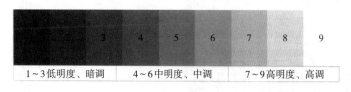

图5-25　明度色标

孟塞尔色立体无彩色以N表示，明度V分为11个等级，从N0（黑）到N10（白）（图5-26）。

明度的三个层次：低明度色调、低调色（0~3色阶，黑至深灰）；中明度色调、中调色（4~6色阶，中灰）；高明度色调、高调色（7~10色阶，浅灰至白）。

明度的三种对比：明度弱对比、短调对比（相差3色阶以内）；明度中对比、中调对比（3～5色阶间）；明度强对比、长调对比（相差5色阶以上）。

在明度对比中，如果其中面积最大、作用也最强的色彩或色组属高调色，同时又存在着强明度差，这样的明度基调可以称为高长调；依此类推，如果画面主要的色彩属中调色，色的对比属短调，那么整组对比就称为中短调。

按这种方法，大致可划分为9种明度调子：高短调、高中调、高长调、中短调、中中调、中长调、低短调，低中调、低长调。第一个字代表着画面中主要的色或色组，如图5-27所示。

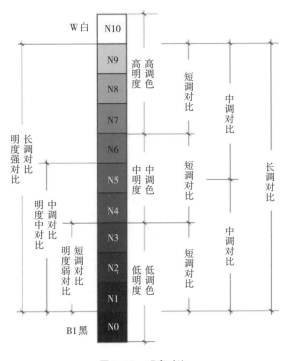

图5-26　明度对比

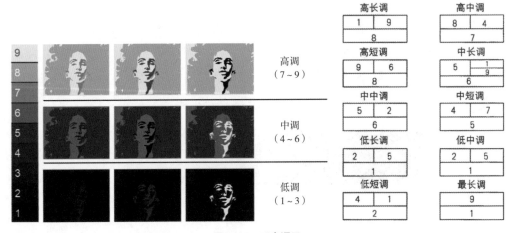

图5-27　明度调子

1. 高短调

高调的弱对比效果，色彩效果极其明亮，形象分辨力差，可以塑造优雅轻柔的气氛。其特点是柔和、高贵、明亮、淡雅朦胧。在设计中常被用来作为女性的色彩（图5-28）。

图5-28　高短调

2. 高中调

以高调色为主的中强度对比，色彩效果明亮、欢快而又清晰，表现出明朗而又安稳的色彩感受（图5-29）。

图5-29　高中调

3. 高长调

反差大、对比强，色彩效果明亮、形象的清晰度高，有积极活泼、刺激明快之感（图5-30）。

4. 中短调

中间灰调的明度弱对比。色彩效果朦胧、含蓄、模糊，同时又显得平板，清晰度也极差，给人模糊、深奥以及不确定的感受。运用不恰当会带给人乏味、憋闷的不舒适感（图5-31）。

图5-30　高长调

图5-31　中短调

5. 中中调

中间灰调的明度中对比。视觉效果主要表现为：软弱无力和疲惫、惰性感；温和、文静、舒适感。画面色彩效果饱满，温和中又带有细腻，有丰富含蓄的感觉（图5-32）。

图5-32　中中调

6. 中长调

中灰色调的明度强对比。色彩效果充实，深刻、力度感强，有丰富、饱满的感觉，给人以稳定的感受，有强硬的男性色彩效果（图5-33）。

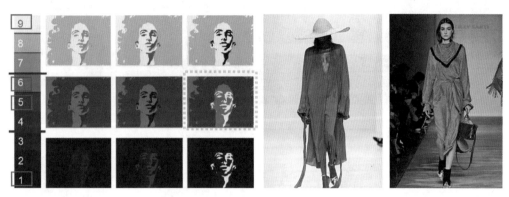

图5-33 中长调

7. 低短调

低短调是在深暗的色彩中安排弱对比。色彩效果深暗、沉闷、模糊、压抑，画面常显得神秘、迟钝、悲痛、恐怖，使人有种透不过气的感觉，所以在各类色彩设计中使用较少（图5-34）。

图5-34 低短调

8. 低中调

暗色调的明度中对比。色彩效果沉着、稳重、朴素、保守、雄厚、有力度，在设计中常被认为是男性色调（图5-35）。

9. 低长调

暗色调的明度强对比。色彩效果清晰、激烈，具有强烈、爆发性、苦恼、警惕的感觉（图5-36）。

图5-35　低中调

图5-36　低长调

10. 总结

将高、中、低三种明度阶段作为服装色彩组合中的大面积色彩，与加入服装色组的其他明度差别的长、中、短对比状态组合，构成服装色彩明度的基本调（图5-37），不同的明度基调有不同的感情效果和色彩感受，这是在服装设计时需要考虑的。

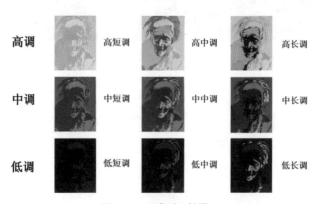

图5-37　明度对比基调

三、纯度对比及其类型

纯度对比是将两个或两个以上不同纯度的色彩并置在一起,它能产生色彩的鲜艳或浑浊的感受对比。色彩之间纯度差别的大小决定纯度对比的强弱。在眼睛所感受的可见光波中,有波长相当单一的,有波长相当复杂的,也有处在二者之间的,一个色掺进了其他成分,纯度将变低(图5-38)。

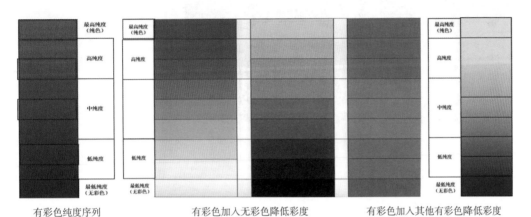

图5-38 纯度对比序列

有彩色的纯度划分方法:选出一个彩度较高的色相,如大红,再找一个明度与之相等的中性灰色(灰色是由白与黑混合出来的),然后将大红与灰色直接混合,混出从大红到灰色的彩度依次递减的彩度序列,得出高纯度色、中纯度色、低纯度色。

在色彩中,红、橙、黄、绿、蓝、紫等基本色相的纯度最高,无彩色没有色相,故纯度为零。

把不同纯度的色彩相互搭配,根据纯度之间的差异,可形成不同的纯度对比关系感受,色彩间纯度差别的大小决定纯度对比的强弱(图5-39),可以分成:鲜调,以高纯度色彩在画面面积占70%左右;中调,以中纯度色彩在画面面积占70%左右;灰调,以低纯度色彩在画面面积占70%左右。

鲜调带给人明朗、活泼、积极、外向、热闹、华丽、强烈等感受,运用不当也会产生恐怖、疯狂、低俗、刺激的效果。

中调带给人静怡、温馨、柔软、丰满、和谐、稳定、沉静、文雅等特点,给人以悦目、柔美、舒适的视觉效果。

灰调带给人深沉、柔和、细腻,给人简朴、随和、安静的感觉。明度对比不足时易给人以平淡、乏力、缺少个性、消极、苍白、忧郁、污浊、陈旧的感觉。

纯度C分为11个等级,从C0(无彩色的灰)到C10(纯色)。纯度的三个层次:低

图5-39　鲜调、中调、灰调在服装上的表现

纯度色调、低调色（0～3色阶）；中纯度色调、中调色（4～6色阶）；高纯度色调、高调色（7～10色阶）。

　　纯度的三种对比：纯度弱对比、短调对比（相差3色阶以内）；纯度中对比、中调对比（3～5色阶间）；纯度强对比、长调对比（相差5色阶以上）。

　　如同明度对比一样，也可以把纯度对比组成不同的10种纯度基调。纯度对比的要点可以归纳如图5-40所示。

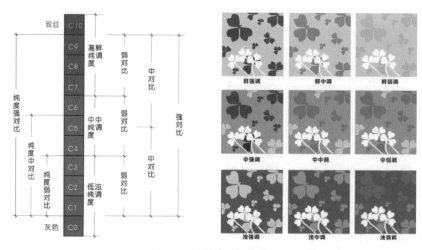

图5-40　纯度对比基调

1. 鲜调对比

鲜强调：感觉鲜艳、生动、活泼、华丽、强烈。

鲜中调：感觉较刺激，较生动。

鲜弱调：由于色彩纯度都高，组合对比后互相起着抵制、碰撞的作用，故感觉刺目、俗气、幼稚、原始、火爆（图5-41）。

图5-41　鲜调对比的三种类型

2. 中调对比

中强调：感觉适当、大众化。

中中调：感觉温和、静态、舒适。

中弱调：感觉平板、含混、单调（图5-42）。

图5-42　中调对比的三种类型

3. 灰调对比

灰强调：感觉大方、高雅而又活泼。

灰中调：感觉相互、沉静、较大方。

灰弱调：感觉雅致、细腻、耐看、含蓄、朦胧、较弱（图5-43）。

图5-43　灰调对比的三种类型

另外，还有一种最弱的无彩色对比，如白与黑、深灰与浅灰等，由于对比各色纯度均为零，故感觉非常大方，庄重，高雅，朴素（图5-44）。

图5-44　纯度对比——无彩色对比

第六章

服装色彩的设计方法

教学内容

1. 服装色彩设计的灵感来源
2. 服装色彩设计的素材变化

课时导向

4 课时

重点

1. 服装色彩的灵感来源
2. 运用形式美设计方法

难点

运用风格定位设计方法

课前准备

1. 在生活中收集自然、人文、艺术、地理等彩色图片
2. 阅读有关色彩构成的专业书籍

《辞海》对"灵感"的解释:"一种人们自己无法控制、创造力高度发挥的突发性心理过程。即文艺、科学创造过程中由于思想高度集中、情绪高涨、思虑成熟而突发出来的创造能力。"其实,灵感的产生是创造者对某个问题长期实践、经验积累和思考探索的结果,它或是在原型的启发下出现,或是在注意转移致使紧张思考的大脑得以放松的时机出现。灵感在一切创造性劳动中都起着不可轻视的作用。

第一节 | 服装色彩设计的灵感来源

毕加索曾说过:"艺术家是为着从四面八方来的感动而存在的色库,从天空、大地,从纸中、从走过的物体姿态、蜘蛛网……我们在发现它们的时候,对我们来说,必须把有用的东西拿出来,从我们的作品直到他人的作品中。"所以,从身边的平凡事物出发,并不拘泥于某一类事物,发现别人没有发现的美,认识它们,理解它们,学习它们的色彩关系和构成形式,把它们作为灵感的来源,进而注入新的思维和理念,使它独立、完整,具有积极的创作意义。

服装色彩设计的灵感来源范围非常广泛,千变万化的大自然,异国他乡的风土人情,耀眼夺目的姐妹艺术,古老传统的民族文化等,都是色彩采集的巨大宝库。

一、大自然景物

自然色,指自然发生的,不依赖人或社会关系的纯自然事物所具备的色彩。从蔚蓝的海洋到金色的沙漠,从苍翠的山峦到璀璨的星河,这些来自自然界最原始的未经雕琢的颜色,其本身就包含着美的规律。植物的盛开与结果,矿物的斑痕与纹理,动物的鸟羽与皮毛,无不蕴含着有趣、奇妙的装饰价值,从取之不尽、用之不竭的大自然中捕捉艺术灵感,吸收艺术营养,开拓新的色彩思路。

1. 四季色

春天万物复苏、百花齐放,是一个生机勃勃的季节。黄绿色是春天的颜色,植物的萌发,各类花草的嫩芽,充满朝气与希望;夏天枝繁叶茂、万物旺盛,是一个成长、充实的季节。高纯度的、明艳的、微暗的光线与阴影的对比都是夏天的色彩特征,充满精气神(图6-1)。

秋天谷穗饱满、万物成熟,是一个收获的季节。成熟的果实、棕褐的叶子,整体色彩饱满而浓郁,微暗的中间色域颜色最能代表秋天;冬天冰雪相连、万物凋零,是一个肃寂、冰冷的季节。洁净的冰花、灰冷的天空，整体色彩透明而稀薄，微带蓝色的味道（图6-2）。

图6-1　春夏的代表颜色

图6-2　秋冬的代表颜色

2. 动物色

有着漂亮翅膀及花斑的蝴蝶，是很多设计师色彩灵感的来源，它们的颜色丰富、协调、多变、对称，有的艳丽，有的素雅，有的明快，有的沉着，变化万千；表面羽毛颜色变化多端的鸟类，也是一个美丽的色彩宝库，其中具有光泽、颜色各异的毛羽，给设计师研究色彩、运用色彩带来丰富的灵感；海洋中生活的鱼类和珊瑚、水母、贝类的色彩同样体现了统一与和谐，它们绚丽多姿，五彩斑斓，一个个仿佛出自超级调色大师之手，让人为之惊叹不已（图6-3）。

图6-3 动物色

3. 植物色

植物中花卉的颜色往往从花冠到花瓣以及花蕊呈现出一种丰富深入的、对比有序的色彩关系，令人目不暇接、流连忘返。除了花卉，果实的颜色也非常漂亮动人，尤其是成熟与不成熟的果实聚在一起时，不同的色彩与肌理让人的感受从清新、自然到含蓄、沉着（图6-4）。

图6-4 植物色

4. 土石色

土石色包括岩石色、泥土色、沙滩色、矿石色等（图6-5），其除了色彩的个性组合外还有纹理的妙趣横生，呈现出一种雄伟强劲、刚毅不屈的色彩感受。

二、异域文化

　　不同的国度会产生不同的社会文化，积极吸取异域文化的精华，并且利用其广泛的传播性和鲜明的代表性，使其成为色彩提取广大的素材库（图6-6）。其中西方文化较东方开放、独立、强调个性，东方文化较西方更注重内敛、和谐、统一，由此，我们可以通过对异域文化的研究、分析，加入新内容，使古老文化呈现出更加多元化的状态。

三、姐妹艺术

　　与服饰相关的姐妹艺术包括有建筑设计、广告设计、产品设计以及一些纯美术作品。从古至今，艺术作品之间就是互相贯通的，很多姐妹艺术都可以为服饰色彩设计服务，建筑色彩的广阔恢弘（图6-7），广告色彩的鲜明醒目（图6-8），产品色彩的实用机能（图6-9），甚至纯美术作品的浑厚丰富（图6-10），都能给服饰色彩设计师带来灵感。

图6-5　土石色

图6-6　不同地区文化的色彩提取

图6-7　建筑色彩

图6-8　广告色彩

图6-9　产品色彩

图6-10　纯美术作品色彩

四、民族文化

　　艺术离不开对前人成功经验的继承与学习，离不开对优秀文化的吸收与综合，民族文化的色彩可以分成传统色彩与民间色彩，它们都带有明显的本土特色。

1. 传统色彩

　　我国传统艺术包括原始彩陶、商代青铜器、汉代漆器、丝绸、南北朝石窟艺术、唐三彩、宋代陶器等。彩陶指我国新石器时代遗址中出土的一种绘有黑色和红色纹饰的无釉陶器，如图6-11所示。它风格古朴而粗犷，多以赤红色、墨黑色、土黄色为主，是我国原始文化艺术中重要的组成部分。青铜指先秦时期用铜锡合金制作的青绿色器物，如图6-11所示。它质地坚硬，浑朴沉着，气势磅礴且雄劲刚强。

图6-11　彩陶色及青铜色

漆器在战国时期应用较为广泛，其轻便、耐用、防腐蚀，还可以打磨抛光、彩绘装饰。色彩以红黑两色为主，风格鲜明、庄重、富贵（图6-12）；唐三彩是唐代三彩陶器的简称，它的釉色以黄、绿、白、褐色为主，效果鲜明而饱满，丰富而华丽（图6-12）；青花是传统陶瓷釉下彩绘装饰，色彩为青、白两色，有白底青花，也有青底白花，形象简练，色彩单纯（图6-12）。

图6-12　漆器色、唐三彩色及青花色

2. 民间用色

我国民间艺术品则包括剪纸、皮影、年画、布偶、刺绣等流传于民间的作品，它们各具风格，有不同的艺术品位，它们既传统又现代，极大地诱发了设计师的创作灵感。

剪纸艺术是最古老的中国民间艺术之一，作为一种镂空艺术，它能给人视觉上以透空的感觉和艺术享受。剪纸用剪刀将纸剪成各种各样的图案，多为红色，也有点染的染色剪纸（图6-13）；刺绣是针线在织物上绣制的各种装饰图案的总称。就是用针将丝线或其他纤维、纱线以一定图案和色彩在绣料上穿刺，以绣迹构成花纹的装饰织物（图6-13），它色彩艳丽、丰富，自由而富有情感。

图6-13　剪纸用色及刺绣用色

第二节 | 服装色彩设计的素材变化

一、确定设计方向

服装色彩设计一般属于目的型设计，即明确服装的类型、风格、款式、面料，需要什么式样的图案与之相配。设计者都要做到心中有数，只有明确设计的方向，并在这种大方向的指引下，所做的一系列色彩工作才不会脱离主题。

1. 表达主题

色彩作为一种设计符号，在现代服装设计中具有最显要的优势——直观。成功的设计作品，往往富有个性及说服力，它们可以迅速抓住人们的眼球，并在第一时间向观者传递出最大量也是最基础的条件信息，如图6-14所示。服装色彩可以简洁明了地表达产品主题，如果为家居服装进行色彩设计，在主题表达的时候应该选取温馨、静籁、柔和且能体现居家环境及亲密情绪的图片。

2. 强化功能

色彩功能是指色彩具有对人的视觉、心理、生理上的作用，以及信息传递的功能。它与服装产品的功能是不矛盾的，并且融入其形态、结构之中，一起协同作用。例如，在款式表现、体量呈现上不尽如人意的时候，可以利用色彩对人的心理影响来弥补不足，从而和谐完善产品功能，提高服装档次。

3. 符合心理

色彩和谐的服装具有很强的和谐美，可以使人产生喜悦感，从而得到放松、达到美的享受，在满足服装功能的同时，带来视觉和心理上的愉悦。通过不同消费群体对文化和情感的需求，进行有针对性的色彩设计，使色彩设计表现出亲和力，体现出设计师所应该具备的人文关怀。

4. 突出个性

色彩所独具的个性魅力，使它可以成为很多服装品牌的"形象代言人"，不同的企业，由于其各自的文化内涵和品牌定位，产品体现出不同于其他品牌的独特风格。树立品牌色彩，是每个企业和品牌都力求做到的。品牌色彩可以体现企业的个性文化，易于识别，方便记忆，是一种行之有效的商业手段，可以在一定程度上影响消费者的购买能力。

5. 促进营销

现代人日益关注生活品质，其中很重要的一面就反映在对服装色彩的选择上。消费者不再盲目追随商家提供的现有商品色彩，而是会更加谨慎地选择与自己风格和喜好相

运动休闲服装

家居服装

图6-14　服装主题图片收集

符的服装及服饰色彩。色彩也日益成为品牌吸引顾客的有效手段之一，鲜明的、具有诱惑力的色彩甚至会激起消费者的购物冲动（图6-15）。成功的服装色彩设计，可以在不增加产品成本的基础上增加服装的附加价值15%～30%。

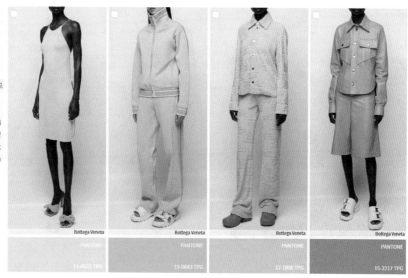

关键色彩

霓虹荧彩

#酸性色　#霓虹荧彩　#愉悦

鸢尾黄、李子黄、柔和粉、玫瑰粉是本季的关键色彩。棒棒糖般的霓虹色彩令人感到愉悦，明亮的色彩充斥着多汗的柑橘与浆果色调，让厚的材质看起来更轻盈，凸显丰富质地。

图6-15　Bottega Veneta – Wardrobe 03（2022春游）关键色彩——霓虹荧彩

二、对色彩进行处理并归纳

为了能快速提取色彩，可以将收集的图片进行小色块的处理，然后对多色块进行归纳及合并，从小色块总结为大色块（图6-16）。

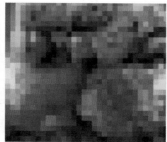

图6-16　图片的色块化处理

通过以上步骤，收集的素材已经越来越清晰地呈现在我们面前，下面就是将归纳后的素材进行处理，运用软件、手绘等方式将提取的色彩运用到设计的服装上，同时检查及完善最终的效果——是否有美感、完成度如何、能否与服装主题相吻合（图6-17）。

三、运用形式美设计方法

1. 呼应

呼应又称关联、照应等，是形式美反复性节奏在服装色彩设计中体现的常用传统方

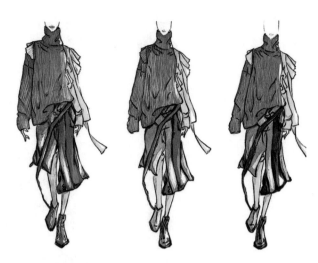

图6-17　将素材具象化

法。无论是设计服装单品还是套装，乃至服饰配件的色彩，往往都不是单一、孤立的。而是设法使处于不同空间和位置的某些色彩重复出现，呈现你中有我、我中有你、彼此照应、总体统一的态势，从而取得平衡、节奏、秩序、和谐等综合美感。

　　服装色彩设计的呼应手法有以下三种：分散法、提取法、综合法（图6-18）。

图6-18　呼应的设计手法在服装上的运用

　　分散法使服装的不同部位同时重复出现某些色彩。通常是领口、袖口、裤口、胸口、摆边、襟边、衩边等部位。提取法是当服装由花色面料与单色面料组合而成时，其单色可考虑从花色中提取某一色。例如，两件套的女装，上衣是红、蓝、黑等色组成的花色面料，下装裙子的色彩设计可提取使用单一的红色、或蓝色、或黑色，这样上下装之间亲和、配套、整体的视觉美感就会油然而生。而综合法是将以上两种手法运用在同一套服装上其效果更佳，更能造就统一、协调的感受。

2. 渐变

渐变又称推移、推晕等。体现形式美定向节奏在服装色彩设计中的时尚应用手法，是服装色彩元素在量上的或递增、或递减、或互变的规律性变化，因其逐步平稳过渡的特点，所以能给人带来一种和谐、优雅的视觉感受。服装色彩渐变手法主要有以下几种：色相渐变、明度渐变、纯度渐变、面积渐变（图6-19）。

图6-19 渐变的设计手法在服装上的运用

色相渐变是指服装色彩按色相环顺序排列组合的形式，有时是全色相顺序，如红、橙、黄、绿、蓝、紫的搭配。有时也可能是局部色相顺序，如黄、黄橙、橙、红橙、红等色的搭配。应用这种手法虽然选择色相多、纯度高，但由于调和有序，能给人以彩虹感、科技感，具有华丽、灿烂、震撼的视觉吸引力。

明度渐变则是服装色彩按浅、中、深或深、中、浅，同一色相等级性有序排列的组织形式。例如，深蓝色、中蓝色、浅蓝色、白色的组合，色调感觉闪烁其光、变幻有序、和谐悦目。

纯度渐变是指服装色彩按鲜、中、灰或灰、中、鲜同一色相等级性有序排列的组织形式。

面积渐变则是服装色彩按面积大、中、小或小、中、大同一色相等级性有序排列的组织形式，其效果优美、柔和，给人以近大远小的空间透视观感和静中有动之感。

3. 重点

重点又称点缀、强调，是形式美比例在服装色彩设计中的应用手法。为了避免在服装配色时出现的单调、乏味感，特意设置某些小面积色，强调作为突出的重点，成为众

"视"之的，诱导吸引人们的视觉聚焦到这些妙趣横生的亮点、要点上来。

重点色彩的使用需注意以下几点：

（1）小面积。重点色面积不宜过大，否则会与主调色平分秋色、分庭抗礼，导致整体统一关系的破坏（图6-20）。

（2）相反色。配色的重点应使用与主色调相

图6-20　小面积、相反色在重点设计手法中的表现

反的对比色，在色相、明度、纯度甚至材质肌理方面有主次、虚实的区分，如图6-20所示。这样，虽然重点色用量较小，但由于其色质和色感上的对比互衬作用，能够左右整个色调的气氛，增强其活力，从而实现突出重点的设计目标。色彩的相反方面可考虑使用深与浅、鲜与灰、冷与暖、单色与花色、闪光与不闪光、毛糙与光滑、透明与不透明等不同的对立因素。

（3）重位置。重点色的位置应选择赫然、夺目之处，在人体、服装的要害部位，如头、颈、肩、胸、腰、胯、背等视觉中心要点。特别是头部以下、腰节以上的"上身"部分，被认为是最佳视域，如图6-21所示。

图6-21　重点设计手法的重位置、少数量、配服饰

（4）少数量。每件或每套服装上的重点色彩部位设置不宜过多，一般只有一个，或者一个主重点加一个次重点。否则，多中心即无中心，会造成杂乱、分散的无序不良印象，如图6-21所示。

（5）配服饰。有时考虑到服装色彩的单纯性，可能重点色主要依靠服饰配件来担当，如耳环、项链、胸针、围巾、领巾、腰带、纽扣、拉链等，这些作为重点突出的对象和服色合为一体的设计，可使彼此两全其美而灼灼生辉，如图6-21所示。

4. 阻隔

阻隔又称分离、隔离等，如法国、英国的国旗红色、蓝色用白色阻隔，意大利国旗红色、绿色用白色阻隔等。阻隔方法包括如下几种：

（1）强对比阻隔。服装配色时，将色相对比强烈的各高纯度色之间，嵌入其他色彩的线或面进行阻隔，以改善、调节过于刺目的不和谐状况，在保持色彩强度的前提下，使原配色的冲突、碰撞矛盾有所缓解，产生新的优良色彩效果，如图6-22所示。

（2）弱对比阻隔。因服装色彩对比各方面的色相、明度、纯度等要素反差过弱，会产生模糊、平板、无力的弊端。这时也可用分离色进行阻隔处理，力求色彩形态的明确、清晰，同时又保持不失原色调雅致、柔和的特点，如图6-22所示。

图6-22 阻隔的设计手法在服装上的运用

四、运用风格定位设计方法

1. 四风格色彩设计方法

如图6-23所示，"洗练感"和"亲近感"通过裸色、浅粉色、大量的白色或鲜亮的有彩色来增加色彩的明度，提高轻柔感；而"信赖感"和"力动感"中，虽然也存在米色、灰色等大众色的搭配，但整体的分量会减少，而藏青、酒红，甚至黑色的量会增加，以体现向下压的色彩印象。

而"动""静"的色彩感受不仅表现在单色，配色往往更加重要，现将几种表现色彩动静的配色方法介绍如下：

图6-23 四风格在服装上的表现

（1）色彩的异同表现动静感（图6-24）。

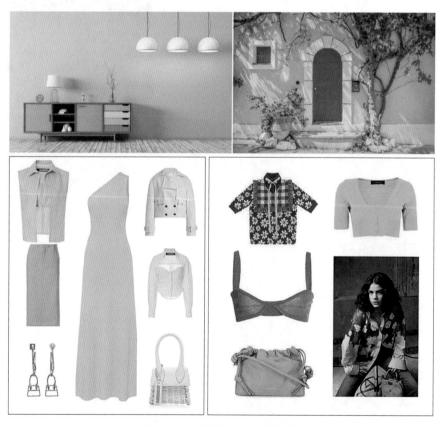

图6-24 色彩的异同表现动静感

　　色相的类似系配色：同种色相配色、邻近色相配色、类似色相配色，往往表现"静"感。

　　色相的对照系配色：中差色相配色、对比色相配色、补色色相配色，往往表现"动"感。

　　（2）色相的多寡表现动静感（图6-25）。

　　色相一致，有明度差，"浓淡配色"，往往表现"静"感；色调一致，色相自由选择，实现丰富的配色效果，往往表现"动"感。

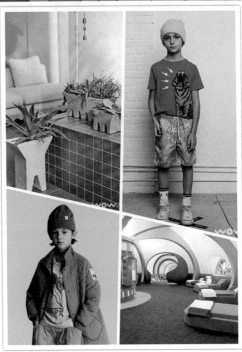

图6-25　色相的多寡表现动静感

（3）视觉效果的"清晰模糊"表现动静感（图6-26）。

色相、明度、纯度均差值较小，色差极为微妙，带来模糊、暧昧感，往往表现"静"感；色相、明度、纯度均差值较大，如服装上常用的三色配色（Tricolor）——红、白、蓝色，色彩效果明快，往往表现"动"感。

图6-26 视觉效果的"清晰模糊"表现动静感

服装色彩设计中除了表现轻重及动静之外，为了与消费者的嗜好更加贴合，设计师在进行色彩设计时，还需要利用九宫格色彩设计方法进一步细分，以便更好地服务于自己的产品。

2. 九宫格色彩设计方法

九宫格在四风格的基础上，将极端的高明度、低明度色中加入中明度分区，同时，在高纯度、低纯度色中加入中纯度分区，这样细分成了九种风格，更适合具体的配色要求，如图6-27所示。

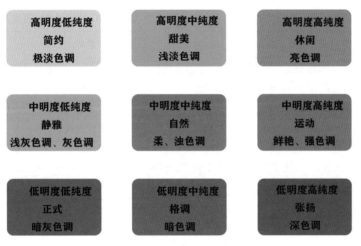

图6-27　九宫格的配色风格

搭配案例如图6-28所示。

图6-28　九宫格色彩在服装上的表现

以下分区域来具体介绍色彩的搭配方法。

（1）第一区域：高明度＋低纯度，简约感，见表6-1。

表6-1　简约感的色彩区分

风格分类	知性（Chic）	清爽（Clear）
色彩印象	简约都市、柔和摩登、高贵	清澈柔和、水灵通透、清爽
色调分布	主：极淡色调、浅灰色调 辅：浅淡色调、浅灰色	主：极淡色调 辅：浅淡色调
色相选择	主：蓝紫、紫、蓝绿等冷色 辅：杏色、无彩色（白、浅灰）	主：绿、蓝绿、蓝、白色等明清色 辅：金属色
色彩搭配	色相精简、类似系配色、加入无彩色	色相精简、类似系配色

如图6-29所示，反映了第一区域中简约感的两种表现方式——知性和清爽，图片下面标注的色号是CNCSCOLOR色彩体系的表示方法，用七位数字来表示颜色，其中前三位数字表示色相，中间两位数字表示明度，最后两位数字表示纯度。

图6-29　第一区域的简约感表现
（图片来源：流行色协会一级色搭师培训教材）

（2）第二区域：中明度＋低纯度，静雅感，见表6-2。

表6-2　静雅感的色彩区分

风格分类	优雅（Elegant）	知性（Chic）
色彩印象	优美、温柔、静稳	知性端正、冷静品位
色调分布	主：浅灰色调 辅：灰色调	主：灰色调 辅：浅灰色调
色相选择	主：紫、紫红等女性化的颜色 辅：杏色、无彩色（白、浅灰）	主：蓝、蓝紫、蓝绿色等冷色 辅：中灰
色彩搭配	类似系配色、单色配色	色相精简、类似系配色

如图6-30所示，反映了第二区域中静雅感的两种表现方式——优雅和知性。

优雅

知性

图6-30　第二区域的静雅感表现
（图片来源：流行色协会一级色搭师培训教材）

（3）第三区域：低明度+低纯度，正式感，见表6-3。

表6-3　正式感的色彩区分

风格分类	古典（Classic）	厚实（Heavy）	正式（Formal）
色彩印象	传统古典、古董怀旧	厚重结实、信赖感、有格调	正式严肃、崇高神圣
色调分布	主：暗灰色调 辅：灰色调	主：暗灰色调 辅：暗色调	主：灰色调 辅：暗色调
色相选择	主：红、橙、黄等暖色 （类似木材色）	主：红、橙、黄等暖色，蓝、蓝紫色等冷色对比 辅：无彩色（黑、灰）	主：蓝、蓝紫、紫色、蓝绿色等冷色
色彩搭配	类似系配色、单色配色	类似系配色，色调一致下的冷暖色对比来表现厚重感	类似系配色

如图6-31所示，反映了第三区域中正式感的三种表现方式——古典、厚实和正式。

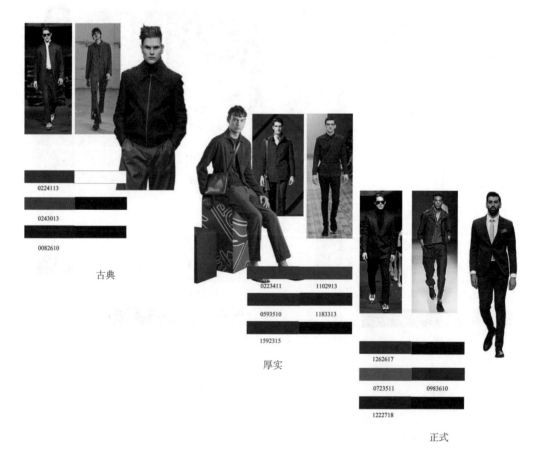

图6-31　第三区域的正式感表现

（4）第四区域：高明度＋中纯度，甜美感，见表6-4。

表6-4 甜美感的色彩区分

风格分类	可爱（Charming）	梦幻（Romantic）
色彩印象	可爱甜美、惹人怜爱、孩子气、天真无邪	浪漫纯真、清丽唯美
色调分布	主：浅淡色调 辅：极淡色调	主：浅淡色调 辅：极淡色调
色相选择	主：红、粉色等女性化色彩 辅：黄色等明亮暖色	主：蓝、蓝紫色等冷色 辅：大地色系，以体现田园风
色彩搭配	色调一致下的冷暖色对比	色调一致下的冷暖色对比

如图6-32所示，反映了第四区域中甜美感的两种表现方式——可爱和梦幻。

可爱   梦幻

图6-32 第四区域的甜美感表现

（5）第五区域：中明度+中纯度，自然感，见表6-5。

表6-5 自然感的色彩区分

风格分类	柔和（Mild）	田园（Natural）
色彩印象	柔和舒适的、温和肌肤的	田园质朴的、温厚舒适的
色调分布	主：柔色调（明度稍高） 辅：浅灰色调	主：浊色调 辅：柔色调
色相选择	主：橙、黄、红等暖色，对肌肤的呵护感	主：橙、黄、黄绿、绿色等带有朴素印象的颜色
色彩搭配	类似系配色	基调配色

如图6-33所示，反映了第五区域中自然感的两种表现方式——柔和和田园。

0055820

0336617

0306713

0655715　0514920

0396617　0313111

0506119　0534819

柔和　　　　　　　　　　　　　　　　田园

图6-33 第五区域的自然感表现
（图片来源：流行色协会一级色搭师培训教材）

（6）第六区域：低明度＋中纯度，大气感，见表6-6。

表6-6　大气感的色彩区分

风格分类	健硕（Robust）	格调（Dapper）
色彩印象	健硕精悍的、强韧户外的	绅士品质的、诚实认真的
色调分布	主：暗色调 辅：深色调	主：暗色调 辅：暗灰色调
色相选择	主：橙、红等暖色，对肌肤、户外环境相贴合	主：墨绿、蓝、蓝紫、紫红、黄、橙等宝石色（色相无特殊要求）
色彩搭配	在色调一致的基础上进行色相的对比变化	在色调一致的基础上进行色相的对比变化

如图6-34所示，反映了第六区域中大气感的两种表现方式——健硕和格调。

健硕　　　　　　　　　　　　　　　　　　　　格调

图6-34　第六区域的自然感表现
（图片来源：流行色协会一级色搭师培训教材）

（7）第七区域：高明度＋高纯度，休闲感，见表6-7。

表6-7　休闲感的色彩区分

风格分类	愉快（Enjoyable）	新鲜（Fresh）
色彩印象	朝气蓬勃的、愉快幽默的、流行的	生机勃勃、健康水灵的、干净的
色调分布	主：亮色调 辅：鲜艳色调	主：亮色调 辅：浅淡色调
色相选择	主：色相不局限，可用流行色 辅：无彩色搭配时尽量不用灰色，可用白色	主：黄、黄绿色、橙色等植物色
色彩搭配	在色调一致的基础上进行色相的对比变化	在色调一致的基础上进行色相的对比变化

如图6-35所示，反映了第七区域中休闲感的两种表现方式——愉快和新鲜。

图6-35　第七区域的休闲感表现
（图片来源：流行色协会一级色搭师培训教材）

（8）第八区域：中明度＋高纯度，运动感，见表6-8。

表6-8　运动感的色彩表现

风格分类	运动感（Energetic）
色彩印象	动感的、活泼的、运动的
色调分布	主：鲜艳色调
色相选择	主：红橙黄绿 辅：白色
色彩搭配	在色调一致的基础上进行色相的对比变化 三色配色——红白蓝、原色配色——红黄蓝、红黄绿蓝等

如图6-36所示，反映了第八区域中运动感的表现。

0438132　1154334　　0236240　1555332　0074436

运动感

图6-36　第八区域的运动感表现
（图片来源：流行色协会一级色搭师培训教材）

（9）第九区域：低明度＋高纯度，张扬感，见表6-9。

表6-9　张扬感的色彩区分

风格分类	奢侈（Luxurious）	宝石色（Brilliant）
色彩印象	豪华奢侈的	魅惑的

续表

风格分类	奢侈（Luxurious）	宝石色（Brilliant）
色调分布	主：深色调 辅：强色调	主：深色调 辅：强色调
色相选择	主：黄（金）、黑色	主：紫~红色
色彩搭配	在色调一致的基础上进行色相的对比变化	在色调一致的基础上进行色相的对比变化

如图6-37所示，反映了第九区域中张扬感的两种表现方式——奢侈和宝石色。

综上所述，在进行色彩设计时，可以利用多种方法进行色彩风格的定位，巧妙地利用色彩设计方法，以满足不同的服装设计需要。例如，2022年春夏的高饱和色——青柠绿（图6-38）。

该色从九宫格中分析，得到属于高明度高纯度色，即属于第七色域，主色调为亮色调，风格特性偏休闲，但可以与不同的色调搭配以表现不同的色彩倾向。

可以与浅淡色调搭配，表现健康、生机的感受，如图6-39所示。

0355527

1373829

0154030

1553227

奢侈 　　　　　　　　　　　　　　　宝石色

图6-37　第九区域的张扬感表现
（图片来源：流行色协会一级色搭师培训教材）

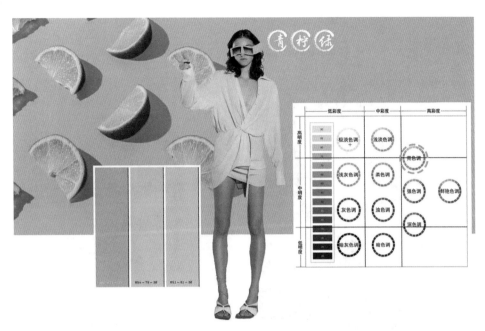

图6-38 青柠绿色

图6-39 与浅淡色调搭配，表现新鲜感

也可以与亮色调组合，表现朝气和流行感（图6-40），在色相上选择余地较大，只要色调一致，可以用对比色相配色来增强变化，体现现代感和蓬勃生气。

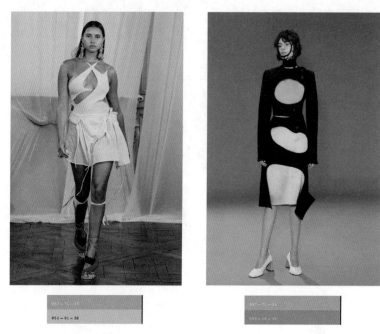

图6-40　与亮色调组合表现愉快感

第七章

服装色彩的设计内容

教学内容

1.服装色彩与着装对象
2.服装色彩与服装类型
3.服装色彩与面料材质
4.服装色彩与设计风格
5.服装色彩与图案表现

课时导向

8课时

重点

1.服装色彩与着装对象
2.服装色彩与服装类型

难点

1.服装色彩与面料材质
2.服装色彩与设计风格
3.服装色彩与图案表现

课前准备

1.准备与服装相关的彩色照片,如广告海报、店铺陈列、秀场图片等
2.阅读有关服饰美容的专业书籍

服装色彩设计无论采用什么原则，最终的设计对象都是服装，但服装因其着装对象、着装场合、款式及材质不一样，会呈现出不同的色彩效果。

第一节 | 服装色彩与着装对象

服装与服装色彩的载体是穿着者，穿着对象由于基因的区别而存在着年龄、性别和肤色的差异；由于环境的区别而存在着性格、气质和文化修养的差异；由于个体的区别而存在体型、着装时间和场合的区别。就像世界上没有两片完全一样的叶子，人与人之间也存在着很大的差异，服装色彩是装饰人体的，色彩的选择必须符合不同的个性需要，需要以着装者为对象进行色彩的采集及构思。我们可以从色彩与年龄、性别、肤色、气质、体型这五个角度进行分析。

一、服装色彩与年龄

1. 婴儿装

从出生到周岁之内的婴儿所穿的服装称为婴儿装。婴儿服装总的设计要求：款式简洁宽松，易脱易穿；面料最好是吸湿性强、透气性好的天然纤维，如柔软的棉织物等；不能用硬质辅料，以免损伤皮肤；不能有太多扣襻等装饰，以免误食。婴儿装色彩一般以浅色、柔和的暖色调为主，可以适当装饰一些绣花图案，如图7-1所示。

2. 幼儿装

2~5岁的幼儿特别活泼可爱，好奇好动，成长速度很快，身高约为头长的4~4.5倍，脖子渐长且肚子圆滚，大腹便便憨态可掬。幼儿装总的设计要求：造型宽松活泼，局部可采用动物或文字等刺绣图案，配以滚边、镶嵌、抽褶等装饰，但要注意清爽悦目；色彩以鲜艳色调或耐脏色调为宜，如图7-2所示。

3. 儿童装

儿童装又称大童装，是适合6~11岁儿童穿的服装。此时的儿童生长速度减缓，体型变得匀称起来，腰身显露，臂腿变长。儿童装总的设计要求：造型以宽松为主，可以考虑体型因素而收省道；男女童装不仅在品种上有区别，在局部造型上也要显出男女差别；虽可采用图案装饰，但是图案的内容与婴幼儿服装有所不同；色彩可以强调对比关系，变化多样，如图7-3所示。

图7-1　婴儿装色彩示例

图7-2　幼儿装色彩示例

图7-3 儿童装色彩示例

4. 少年装

少年装是指11~17岁少年穿着的服装。这个年龄段是人体发育生长期，体型变化很快，性别特征明显且差距拉大。少年装总的设计要求：造型介于青年装和儿童装之间，不太有自己的特点；局部造型以简洁为宜，可以适当增添不同用途的服装；色彩不再像以前那样艳丽，以常用色调为宜，如图7-4所示。

图7-4 少年装色彩示例

5. 青年装

青年装是指18~30岁青年人穿着的服装。青年是一个很有服装特点的年龄段，是重点设计对象。青年装总的设计要求：造型轻松、明快，变化范围大；服装的性别特征明显，局部造型丰富多变，各种装饰恰当运用。

　　青年装的面料几乎包括所有服用面料，尤其偏好新颖流行的面料。青年人大多具有一定的文化素养和专业能力，有自己的色彩价值观念，对服色的选择多为流行色和黑、白、灰、棕色系列，如图7-5所示。

图7-5　青年装色彩示例

6. 中年装

　　中年装是指31～50岁的成年人穿着的服装。中年人体型除了肥瘦变化以外，高度方面基本稳定。中年装总的设计要求：造型合体、稳重，没有大起大落的变化，受流行因素的影响较青年装少；局部造型简洁而精致，装饰较少；讲究服装的系列搭配，注重服装的品质；色彩以常用色为主，稳重大方，间或有些流行色的运用。中年装的用色宗旨为端庄、典雅和高级，用色范围主要为中间色调，如图7-6所示。

图7-6　中年装色彩示例

7. 中老年装

中老年装是指50岁以上的人穿的服装。这个年龄段的人群稳重而务实，对流行不太关注，服装造型上喜欢沉稳优雅的风格，严谨而略带保守。中老年装总的设计要求：造型宽松舒适，最好能通过造型修正体态，零部件简单实用；色彩宜用平稳和谐的色调，以干净明快的暖色系为主，女装偶尔也用鲜亮色调，适当配合一些碎花圆点图案掩饰老态，如图7-7所示。

图7-7 中老年装色彩示例

二、服装色彩与性别

1. 女装

尽管在很多时装设计中，男女性别在色彩特点上已经模糊，但生活中的大部分服装仍以自然的男女性体型、气质上的规律表现为标准。例如，女性体型纤细，气质柔和，更适宜明亮、艳丽、悦动，或者纯真、柔美、别致的色彩，如图7-8所示。

图7-8 女装色彩示例

2. 男装

男性体型高大、粗犷、直线型，气质稳重，更适宜稳重、低调、典雅的色彩来表现力量和胸怀，如图7-9所示。

图7-9　男装色彩示例

三、服装色彩与肤色

1. 肤色较黑

黑肤色可以选择鲜艳、浓烈的服装色彩，与肤色形成强烈对比，即使服装的色彩纯度很高，显得娇艳、明媚，但有肤色的黑（红黑或棕黑）相映衬，效果也十分和谐，如图7-10所示。

图7-10　黑肤色人服用色彩示例

2. 肤色较黄

黄肤色一般易与茶色系、橙褐色系、深蓝色系相搭配，这几种色相与黄色皮肤形成同类色、邻近色的色相对比关系，容易形成自然统一的色相调和，冲淡面部的黄光，如图7-11所示；黄肤色偏黑的人在服色上可以选择与肤色稍有差别的色相及明度，尽量避免黑色、深褐色、黑紫色及过于低沉的用色。

图7-11　黄肤色人服用色彩示例

3. 肤色较白

当服色比肤色明亮时，肤色会显得发深；当服色比肤色深暗时，肤色会显得发浅。白种人的肤色白里透着粉红色，对服色的适应面较广，如图7-12所示。

图7-12　白肤色人服用色彩示例

四、服装色彩与气质

1. 优雅气质

优雅气质人脸部线条柔美圆润、五官精致，身材圆润，性格温柔内敛，整体给人带来轻盈、精致、温柔、女人味的感觉。服色上可采用明度对比中的高短调，轻柔、飘逸，恬静，十分吻合优雅型人的气质，如图7-13所示。

2. 自然气质

自然气质人五官及面部整体呈现直线感；身材以直线为主，走路潇洒；性格开朗随和，带给人自然、亲切、随意、大方的感觉，犹如邻家小妹或大姐。服色上可采用中调色为主，以体现休闲、自然、朴实、大方的气质，如图7-14所示。

3. 古典气质

古典气质人五官端庄精致，身材适中，整体给人直线感，个性严谨传统，带给人端庄高贵、精致成熟的都市高雅味道。服色上多使用无彩色黑白灰，以及适合明度对比中中短调的含蓄和内敛，如图7-15所示。

4. 浪漫气质

浪漫气质人脸部轮廓圆润，五官曲线感强，身材丰满圆润，女人味十足，眼神妩媚迷人，性感夸张而大气。浪漫气质的人给人华丽而多情的感觉，所以服色上采用女性化

图7-13　优雅气质服装用色示例

图7-14　自然气质服装用色示例

的色彩，纯度对比中的鲜长调可以凸显出浪漫气质女性的华丽、醒目和浓艳，如图7-16所示。

5. 前卫气质

前卫气质人脸部线条清晰、五官精致；骨骼偏小，身材骨感；性格活泼，观念超前。前卫的人带给人个性时尚、古灵精怪的感觉，在年龄感上比实际年龄看起来偏小，所以服色上选择范围较广，可以多使用流行色来体现该气质女性的时尚、个性、特立独行，如图7-17所示。

图7-15 古典气质服装用色示例

图7-16 浪漫气质服装用色示例

图7-17 前卫气质服装用色示例

五、服装色彩与体型

1. 胖体

服色搭配得好，可以在体型上扬长避短，弥补和掩盖体型短板。一般来说，胖体不宜穿扩张色（高明度、高纯度、暖色系）以及面积过大的图案；雅致的单色面料以及小面积图案可以使该体型人群显得不那么臃肿，上下装色彩可以接近，如图7-18（a）所示。

2. 瘦体

瘦体与上面的胖体在用色上正好相反，需要穿着带有膨胀色以及大花、宽条等大面积图案的服装来使自己显得不那么单薄，服色的运用范围较胖体广，如图7-18（b）所示。

3. 矮体

矮体适合淡而柔和的色调和上下身一致的套装，下摆不宜用太过明显的色彩来进行区分；可以用细腰带来进行分隔，与色彩之间的关系不要太强，如图7-18（c）所示。

胖体　　　　　瘦体　　　　　矮体

图7-18　不同体型的服装用色示例

第二节｜服装色彩与服装类型

根据服装的穿着用途，可以分成日常生活装、特殊生活装、社交礼仪装、特殊作业装等。

（1）日常生活装。在普通的生活、学习、工作和休闲场合穿着的服装。如家居服、职业装、运动服、休闲服等。

（2）特殊生活装。较少人在日常生活中穿着的服装，如孕妇装、残疾人服、病员服等。

（3）社交礼仪装。在比较正式的场合穿着的服装，如晚礼服、婚礼服、丧葬服、宗教服、日礼服等。

（4）特殊作业装。在特殊环境下具有防护作用的作业服装，如防火服、防毒服、防辐射服、宇航服、潜水服、极地服等。

不同类型的服装，在用色及服装色彩搭配上会存在不同的要求，下面挑选一些具有典型意义的加以介绍。

一、职业装的色彩效果

职业装是指在有统一着装要求的工作环境中穿着的服装，也称制服。职业装设计必须按照不同的工作性质、工作环境以及在工作中的身份分门别类地设计。由于工厂、公司、商场、学校、酒店、机场、车站、机关等单位的具体情况不同，设计的具体要求也相去甚远，即使是同一个单位，也会因该单位的分工情况及工作要求的不同而对不同岗位的服装有相应的要求。以星级酒店为例，包括迎宾员、行李员、总台服务员、清洁员、吧台服务员、引座员、跑菜员、餐桌服务员、调酒师、厨师、音响师、洗衣工、维修工等不下数十种工种，这些工种的区别也体现在他们的服装用色上。

简单划分，可以分成一线工作的蓝领职业装、在办公室工作环境的白领职业装以及国家机关工作人员所穿的制服（图7-19）。

图7-19　不同职业装用色示例

1. 蓝领职业装

造型较为宽松，干净利落，不得有垂挂飘逸的局部处理，以免发生工伤事故。功能第一是这类服装不可更改的硬性要求。色彩以耐脏的中灰色调为主，还要考虑工作环境的色彩，一般不能与环境色彩混为一体。面料则根据工种的要求相应选择，如防火、防辐射、绝缘、耐油耐酸等性能。

2. 白领职业装

造型合体紧凑，庄重优雅，零部件造型细致合理。服装材质要求较高，工艺精湛。色彩以沉着冷静或清浅明朗的色彩为主，可搭配部分亮丽鲜艳的点缀色（图7-19）。面料以混合精纺织物或化纤织物为主，要求抗皱性强，不易起毛起球。这类服装一般不太需要结合流行因素而自成一体。

3. 制服

造型挺拔、威严、庄重、精神，按不同的制服种类及作训、礼仪的要求分别设计。军警制服非常讲究系列化和严肃性，一般不会轻易更改。色彩以纯度中等的常用色居多，用黑白色作为搭配色，局部的镶拼色较为鲜艳。面料则因服装不同而定，礼仪装多用精纺纯毛织物，厚实挺括；训练装多用具有坚固耐磨或其他特殊防护作用的化纤织物。

二、家居服的色彩效果

在平时的居家生活中，家居服占有很大比例。家居服一般指在家穿着的服装，可以再具体划分为睡衣和起居服（睡眠时间以外在家穿着的服装），现在生活中有些人的起居服和睡衣并没有严格区分，洗过澡后的起居服也就是睡衣了（图7-20）。

图7-20 不同家居装用色示例

1. 睡衣

睡衣即睡觉时穿着的服装，造型多为直线型。男士睡衣品种比较单一，女士睡衣变化较多，主要是在抽褶、花边和绣花方面追求创新。色彩以柔和、淡雅的粉色调为主，营造温馨的家庭气氛。面料要求滑爽、透气、轻薄、悬垂。

2. 起居服

起居服是指除了睡眠时间以外在家里穿的服装。造型比睡衣略为正式，不能过于暴露，比较简洁随意。在厨房做菜或庭院养花时穿的起居服，放松身心很重要，要适当考虑这些场合的特点和要求，色彩上在保留柔和淡雅的同时，可加入一点清爽的活性印花，条格面料和印花面料也被大量使用。

三、运动休闲服的色彩效果

运动休闲服多为在运动及休闲场合穿着的服装，充分展示穿着者在工作之外的另一种风采。运动休闲服不同于职业装及家居服，在设计上要兼顾到舒适性及方便活动，在色彩上有其特有的属性。

1. 运动服

专业类体育运动服，是根据项目的运动特点而设计的专业体育竞技运动或专业体育锻炼时穿着的服装的统称，如游泳服、体操服、登山服等，其色彩设计不再局限于某一种单调的颜色，或者是以往蓝、灰、黑等沉闷的色调，多彩的运用将运动变得丰富多样。

强烈的对比色搭配是运动服中最新潮和尽显运动活力的表现手法，可以通过分割和拼接、重叠和透叠等手法来增加服装的层次感和创新变化（图7-21）。

图7-21 运动服用色示例

2. 户外服

这类服装与真正的专业性运动装不同，是介于专业性运动装和休闲装之间的服装。穿着这样的运动休闲装，进行的多为带有游戏、娱乐和消遣性的户外活动，如郊游、垂钓、爬山、狩猎等。

活动性质决定了这类服装要具备很强的功能性，如贮物功能、保暖功能、防水防风功能等，有些功能可以通过造型设计解决，有些则通过选择面料解决。色彩比较明朗鲜艳，采用对比色调配色，如图7-22所示。面料以尼龙、防雨府绸等织物为主，也可用皮革、细帆布、牛仔布等其他面料。

图7-22　户外服用色示例

3. 休闲服

休闲服已被越来越多的人接受，再繁忙的人也偶尔要休闲时间来调节，需要休闲情调的服装来点缀生活，如图7-23所示。休闲服面料以具有粗糙肌理或涂层处理的织物为宜，造型与色彩受流行因素的影响很大，轻松而不拖沓，随意而不消沉，自由而不无聊，新颖而不怪诞。

四、社交礼仪服的色彩效果

在正式的社交场合，穿着礼仪服不仅是体现自身价值的需要，也是起码的礼貌，是对别人尊重的体现。礼仪服包括晚礼服、婚礼服、晨礼服、仪仗服、葬礼服等。由于现代社会文明的发展和快节奏生活方式的需要，某些场合或某些种类的礼服正在被简化，或者被其他服装取代，只有晚礼服、仪仗服、婚礼服等还受到人们的重视。尽管如此，这些礼服在继承传统的基础上，也融合了不少现代因素。

图7-23 休闲服用色示例

1. 晚礼服

　　传统的男士晚礼服已经基本定型，由领结、衬衫、燕尾服和长裤组成。除了面料和局部造型有极细小的变化外，并没有其他大的变化。但是，现在穿着这种晚礼服的男性有减少的趋势，更多的男士穿上了简洁的西服套装。其色彩基本上是黑色（图7-24），面料为精纺呢绒，局部可镶拼缎面织物。这类服装是男士服装中最讲究品质的服装之一，表现出豪华、庄重的特征。

图7-24 男士晚礼服用色示例

女士晚礼服是最能展现设计师艺术才华的服装之一，是女装中最耀眼和夺目的服装。比较传统的晚礼服注重腰部以上的设计，或袒露或重叠，或装饰或绣花，腰部以下多为曳地长裙，体积夸张，现代的晚礼服设计中心随意设置，暴露部位飘忽不定，没有定式，虽以长裙的式样居多，线型却极为简练，结构精致，色彩艳而不俗，雅而不淡，面料以质地上乘的丝绸、塔夫绸、纱为主，如图7-25所示。

图7-25　女士晚礼服用色示例

2. 仪仗服

仪仗服是指在隆重的庆典仪式中仪仗队所穿着的礼仪服。仪仗服带有军队礼仪服的痕迹，但是又没有后者那般强调威武严谨，只要突出热烈欢快、豪华辉煌的气氛即可。局部造型明快，多用镶拼、滚条等手法，绶带、肩章、领章、勋章、缨穗腰带、靴子等配饰应有尽有。色彩以鲜亮的暖色调为主，配合金、银、黑、白，形成豪华耀眼的色调，如图7-26所示。面料以挺括的制服呢、华达呢、哔叽或直贡呢为主，偶尔也采用一些轻薄织物。

3. 婚礼服

婚礼服在人的一生中穿着次数虽然极少，但会留下弥足珍贵的美好记忆，是非常重要的礼仪服装之一。除了有些传统服饰文化保留得很好的地区，男性在婚礼上仍穿燕尾服以外，更多地区的男士婚礼服已经改为高档的西服套装，故在色彩上与晚礼服一致，一般为黑色，局部可镶拼缎面同色色块。

女士婚礼服则基本保留了传统的婚礼服形式，体现纯洁高雅、秀丽素净的风格。典型特点是上身贴体、不袒露或稍微袒露胸部，袖衫高耸宽大，下身长及地面，裙摆夸张，配以头纱和手套，如图7-27所示。

图7-26　仪仗服用色示例

图7-27　婚礼服用色示例一

　　婚礼服的变化设计很多，可吸收晚礼服的造型特点，采用大量花边和刺绣作装饰。层层盛益，在以圣洁中显露华贵之气。富有个性的婚纱设计甚至采用超短连衣裙的造型，配合大量轻纱、花边和亮片，透出时代气息。绝大部分婚纱选用纯白色（图7-28），面料以高档丝绸和纱为主，也采用人造缎面和电脑花纺织物。

图7-28　婚礼服用色示例二

第三节 ｜ 服装色彩与面料材质

　　"犹如音乐家须得掌握乐器的表现力和局限性，除了熟练地运用音乐语言之外，还要通过特色的配器手段，才能将乐思完善地音化。"这点对于服装色彩而言同样重要，无论有多么精彩绝伦的配色构思，对于服装而言，必须与材质相融合才能真正展示它的美。"巧妇难为无米之炊"，服装色彩设计水平的高低除了需要设计者的色彩知识之外，还有对于色彩的承载体——材质的理解与掌握。

　　各类服装材质由于成分不同，对于色光的吸收、反射或投射的能力也不一样，这些主要受到材质表面肌理状态的影响。

一、无光泽织物的色彩效果

1. 棉织物

　　棉织物包括细布、府绸、斜纹布、牛津布等，表面光滑，匀整洁净，质地柔软。染色性是棉的最大特征，使用任何染料都可以实现染色，如图7-29所示。由于棉织物的天然织物属性，在色彩上给人朴实、自然的感受，可用于休闲、田园、民族类服饰。

图7-29　棉织物用色示例

2. 麻织物

麻织物包括夏布、苘麻、亚麻布，表面粗糙，手感爽挺，吸湿、散湿、散热，透气舒适。麻的染色性较差，但可以保持素材自身的颜色，带来独特的干燥质感。由于色彩明度、纯度都不高，显色自然柔和，可用于休闲、田园、民族类服饰，如图7-30。

图7-30　麻织物用色示例

3. 毛织物

毛织物包括羊毛、混纺纤维以及其他毛类，包括华达呢、法兰绒、粗花呢，表面松软厚实，柔和有弹性，温暖，有膨胀感。毛织物表面的绒毛质地使色彩具有层次感，给人沉着、稳重、可靠的感觉，可用于中性、军装、男性服饰，如图7-31所示。

图7-31 毛织物用色示例

4. 针织物

针织面料是以线圈为基础，依靠线圈的相互串套而形成的织物。特殊的线圈结构决定了针编织面料的服装性能——手感松软，富有弹性，吸湿、染色性良好，既能展现优美的人体曲线（图7-32），又不会妨碍人体的活动，故广泛应用于内衣、运动服、健美服、休闲服等的设计中。

图7-32 针织物用色示例

5. 化纤织物

化纤织物的主要原料为天然纤维与人造纤维的合成物，是经化学处理和机械处理加工而成的合成材料。化纤织物表面质感不同，毛绒质感与毛织物特征相似，光滑质感的与丝织物特征相似（下文将提及）。化纤织物运用十分广泛，适合古典、浪漫、民族、前卫、乡村、田园、休闲等各种风格的服饰，如图7-33所示。

图7-33　化纤织物用色示例

6. 皮草

皮草，也称裘皮，是经过鞣制后的动物毛皮。与普通纺织材料相比，皮草厚实、松软，体积感强，保暖性好，是防寒的理想面料。

同时，皮草具有动物毛皮自然的花纹和特殊的肌理，表层富有自然、柔和的光泽，可以通过镶、拼、补、挖等工艺，形成各种令人炫目的花色，如图7-34所示。

图7-34　皮草织物用色示例

二、有光泽织物的色彩效果

1. 丝织物

丝织物包括双绉、电力纺、碧绉、香岛绉，天然丝绸手感柔软，表面光滑、滑爽、灵动、飘逸，具有柔和而自然的独特光泽。以丝绸为材料的服装，绚烂夺目，光彩照人，给人以难以名状的典雅、华贵之感，如图7-35所示。丝绸面料由此获得了纺织"皇后"的美称，常用于高级女装。

图7-35 丝织物用色示例

2. 皮革

皮革面料主要包括天然皮革和人造皮革。早在远古时期，人类的先祖就已经开始用兽皮来御寒和护体。羊皮革、牛皮革、猪皮革等都属于天然皮革，其共同特点是柔软舒适，富有弹性，保暖、透气、吸湿而不透风，结实耐用，防油抗污，易于护理。人造皮革是将聚氯乙烯、锦纶、聚氨基树脂等复合材料涂敷在棉质、麻质等底布上而形成的类似皮革的材料。皮革服装可使穿着者显得庄重、潇洒、轻松、华贵，如图7-36所示。

3. 化纤织物

因化纤织物可以模仿织物表面，所以化纤织物还可以仿制有光泽织物的表面效果。化纤织物是经过后处理的人工合成材料，在光泽感上比丝织物的效果更加强烈，色彩变化也更为丰富，如图7-37所示。

图7-36 皮革织物用色示例

图7-37 化纤织物用色示例

三、透明及半透明织物的色彩效果

1. 薄纱织物

薄纱织物由棉、丝、化纤等纤维织造而成，如雪纺、巴厘纱、乔其纱等，质地轻薄、飘逸、透明，色牢度差，外观比较清淡、雅洁，手感柔软、轻爽而富有弹性，表面有皱缩效应，透气性和悬垂性良好，易于表现灵动、飘逸、雅洁的风格，故广泛应用于连衣裙、高级礼服、头巾的设计中，如图7-38所示。

图7-38 薄纱织物用色示例

2. PVC材料

PVC又名聚氯乙烯，属于塑料一类，是化学合成材料。PVC材料有透明与不透明之分，与薄纱织物一样具有透视效果，与其他材质叠加时会产生色彩的透叠效果。与薄纱织物相比，PVC材料更加透明，没有薄纱的飘逸、雅致，带来一种冷感和科技感，如图7-39所示。

图7-39 PVC材料用色示例

3. 蕾丝

"蕾丝"是英文"Lace"的音译，指的是呈现各种花纹图案作为装饰用的网状薄型带织物，具有镂空性和通透性，主要用于女士裙装、内衣，以及窗帘、桌布、床罩等室内纺织品，起到装饰花边的作用。根据加工工艺的不同，一般可分为机织、针织、编织和刺绣等蕾丝，具有精雕细琢的奢华感和体现浪漫气息的特质，如图7-40所示。

图7-40　蕾丝材料用色示例

四、特殊材料的色彩效果

特殊材料指的是有别于常规的纺织材料、皮革、皮草的其他服装用材料，如禽类的羽毛、竹片、石材、贝壳、金属、塑料等。特殊材料所特有的外观和服用性能，拓展了服装设计师的思路，附着于其上的色彩丰富了服装设计创意的表现手法，成为服装设计新风貌的原动力，如图7-41～图7-46所示。

图7-41　特殊材料的色彩效果——禽类羽毛

图7-42 特殊材料的色彩效果——木片

图7-43 特殊材料的色彩效果——贝壳

图7-44　特殊材料的色彩效果——珍珠

图7-45　特殊材料的色彩效果——宝石

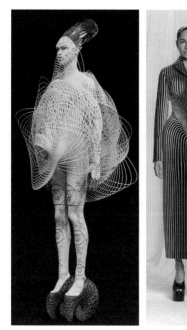

图 7-46　特殊材料的色彩效果——其他

第四节｜服装色彩与设计风格

　　服装的设计风格类型很多，根据不同的角度，风格可以划分为多种类型。可以根据艺术流派来划分，也可以根据地域、文化、特定人群等来划分。大的风格下面细分出许多小的风格分支，时尚潮流的更替又发展出新的风格，所以无法一一列举。不同风格的服装在设计用色上会有不同的倾向，这里选择一些富有代表性的风格用色进行介绍。

一、古典主义风格的色彩效果

　　古典主义源于古希腊艺术，强调理性、秩序、均衡和自然，追求形式的单纯、完美。古希腊时期的服装自然披挂在身体上，细密的衣褶随着人体的运动而变化，如同雕塑一般，富有韵律和节奏。1789～1825年间，受到新古典主义艺术思潮的影响，服装以古希腊服装为典范，摒弃了矫揉造作的装饰，造型趋向于自然、柔美，追求庄重与宁静感，史称"新古典主义时代"。

　　古典主义艺术具有一种宁静而永恒的美。古典主义风格的服装反对繁杂的装饰，展现人体自然形态，崇尚简洁、高雅、对称。素雅的色彩，丰富的垂褶，简洁的图案，这些明显带有古典主义痕迹的元素被现代设计师宽泛地衍生着。维奥妮（Vionnet）、格蕾（Alix Gres）、巴伦夏加、纪梵希（Givenchy）等都是这一风格的代表人物。

　　如图7-47所示，华伦天奴（Valentino）2020年秋冬时装秀，以华丽简约为主调，其古典主义风格似乎变得更为简约了，暗花图案点缀了素雅的裸灰色，显得大气典雅、低调奢华。

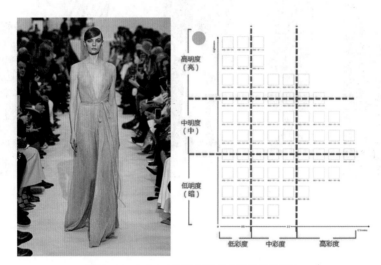

图7-47　古典主义风格服装的色彩效果示例 I

　　如图7-48所示，纪梵希2020年秋冬时装秀中的这款礼服裙，在多色搭配的设计中延续了古典主义的简洁和高雅，并用配饰进行对比与点缀，塑造出简约的高级感。

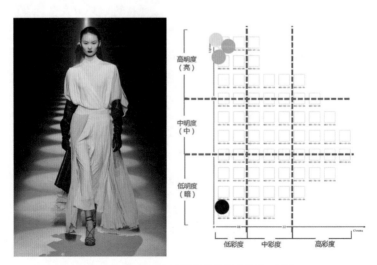

图7-48　古典主义风格服装的色彩效果示例 II

色彩方面强调简洁单纯，常采用单色配色，多运用前面所讲九色域中第一区域色彩，通过素雅淡色表达服装风格的单纯；有时也会采用多色配色，这时往往降低色彩的明纯度对比来弱化多色的对冲，或者在色相上采用同种、邻近、类似色相对比进行配色调和，抑或通过面积差来实现色彩的单纯性。

二、浪漫主义风格的色彩效果

在西方服装史上，洛可可时期（18世纪）是最为典型的浪漫主义时期。1825~1850年间，浪漫主义又一次轮回，改变了时尚潮流。这个时期的女装宽肩、细腰、丰臀，采用大型的泡泡袖、灯笼袖和羊腿袖，用紧身胸衣和裙撑改变体型轮廓，塑造成X廓型的造型。

在现代服装中，浪漫主义是一种精神，充满着诗意和幻想色彩。轻柔飘逸的面料，变化丰富的浅淡色调，柔和圆转的线条，蕾丝、缎带、花边、刺绣、褶皱等，这些精致唯美的元素在时尚舞台上不时地闪亮一下，唤起人们的浪漫情怀。

如图7-49所示，祖海·慕拉（Zuhair Murad）2019年春夏时装秀的仙裙延续了品牌一贯的浪漫主义风格，以海洋为灵感的裙摆部分，流动的皱褶既像波光粼粼的水面，又像贝壳的纹路，在灯光下发亮，轻快的粉紫色让浪漫中加入一丝俏皮及少女感。

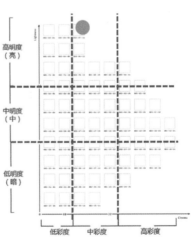

图7-49　浪漫主义风格服装的色彩效果示例 I

如图7-50所示，迪奥（Christian Dior）2019年春夏高级定制将秀场搬进了马戏团，强调女性曲线、奢豪，在古典和现代、硬朗和柔情中寻求统一。此款作品用色位于第一色域，以裸粉色为主体，点缀乳白色褶皱花瓣，薄纱的材质使整体更加浪漫，温柔妩媚并不失高级感。

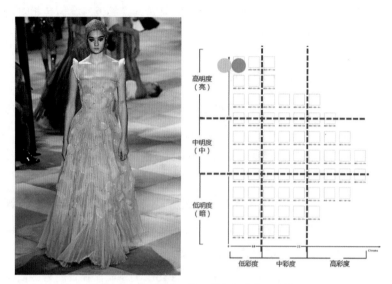

图 7-50　浪漫主义风格服装的色彩效果示例 II

　　色彩方面强调精致柔和，常采用单色配色，多运用前面所讲九色域中第一、第四区域色彩，通过轻柔淡色或者轻快明色来表达风格的少女情怀，纯净的白色、甜美的粉色、安静的淡蓝色、俏皮的浅黄色以及高级的裸色都是这一风格的选择。

三、简约主义风格的色彩效果

　　简约主义源于20世纪初期的西方现代主义。现代社会快节奏、高负荷的繁忙生活，使人们渴望简单、放松、纯净的心灵空间。简约主义以简洁的表现形式满足了当时亟待摆脱繁琐、复杂，追求简单和自然的心理。欧洲现代主义建筑大师密斯·范德罗（Mies Vander Rohe）的名言"少即是多"（Less is more）被认为是简约主义的高度概括。

　　时尚女皇可可·香奈儿女士的成功就是建立在这种理论上。她以优雅简洁的设计独树一帜，并在服装界掀起了简化女装的改良运动。提倡"决不要一粒装饰性的纽扣"，在她设计的服装上找不出任何不必要的装饰。简约主义服装的特色是造型简化，色彩明快，注重材料的质感和裁剪的精确。

　　"我的设计遵循三个黄金原则：一是去掉任何不必要的东西，二是注重舒适，三是最华丽的东西实际上是最简单的。"阿玛尼（Giorgio Armani）2018年秋冬高级定制时装秀延续了其一贯的设计原则，用奢华面料营造光影效果，轮廓简洁，除了结构线，没有多余的装饰，是典型的简约主义风格，如图7-51所示。

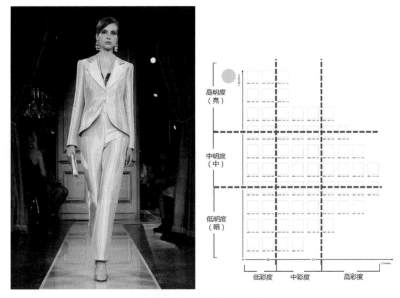

图7-51　简约主义风格服装的色彩效果示例Ⅰ

在2012年巴黎秋冬高级定制女装周上，拉夫·西蒙（Raf Simons）操刀的首场高定很自然地成为焦点中的焦点。大秀开场的那一刻，所有猜想都得到回应。不出所料，Raf Simons手下的迪奥果然远离了约翰·加利亚诺（John Galliano）时代的浪漫繁复，直接向极简廓型飞奔而去。简洁的款式选择了深沉的夜空蓝与同样低明度的黑色搭配，看不出情绪的变化，传递出设计的结构感，如图7-52所示。

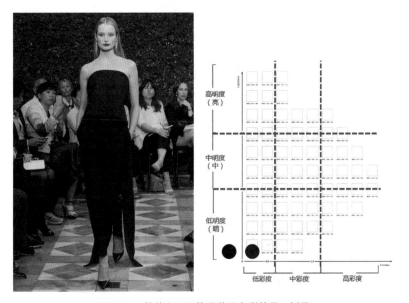

图7-52　简约主义风格服装的色彩效果示例Ⅱ

简约主义极其偏好黑、白、灰三色，高明度低纯度的第一区域，低明度低纯度的第三区域也是简约主义风格经常使用的色域。简约主义风格较少使用装饰图案，通常只用单一色彩，在多色配色时也往往利用面积比来弱化对比，达到色彩的平衡与视觉的纯粹。

四、未来主义风格的色彩效果

伴随阿波罗登月，一系列展现太空风貌的充满科幻色彩的未来主义作品首度推出。曾经当过飞行员的安德烈·库雷热（Andre Courreges）被公认为"太空风貌"（Space age look）的发明者。随后，皮尔·卡丹、吉恩·瑞奇等设计师继续推动了这种富于幻想的未来时装潮流。

未来主义风格服装初期具有宇宙航行服的显著特征，后来逐渐演变为具有科幻意味的几何造型，帽子、眼镜和手套也都与之相配，给人一种前所未有的神秘感和未来感。

在面料的选择方面，未来主义风格时装通常采用光泽感强的PU革、塑料、尼龙丝等富有弹性的涂层面料，或是半透明材质的新型合成材料，用以增强科技感。高科技功能材料——3D打印技术、随人体变换温度的特殊材质，用微生物繁殖出的皮肤面料均可以表现未来主义的时装。

如图7-53所示，系带卡住下巴尖的钟形帽＋太空时代感太阳镜，线条犀利的外套，奥黛丽·赫本（Audrey Hepburn）在其主演的电影《偷龙转凤》中演绎了安德烈·库雷热的招牌式"太空风貌"设计。此款设计采用科技感极强的白色为主调，模仿宇航员服装材质的面料，体现20世纪60年代的"月亮女孩"。

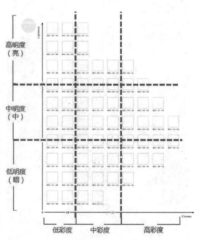

图7-53　未来主义风格服装的色彩效果示例 I

　　法国时装屋梅森·马吉拉（Maison Margiela）在巴黎时装周带来2019年春夏成衣系列。与往季相比，这一季的服装"内敛"不少，整个系列呈现出少见的素雅。以马丁·马吉拉（Martin Margiela）标志性的解构手法展开，约翰·加利亚诺（John Galliano）对许多女装常规款进行了拆解重制，此款色彩选择中纯度、中高明度的区域，利用PVC材质打造丰富层次，赋予其光泽感，使得服装带有未来的科幻味道，如图7-54所示。

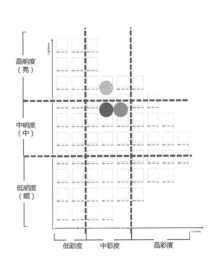

图7-54　未来主义风格服装的色彩效果示例 Ⅱ

　　要诠释宇宙的浩瀚和未来的科学，无彩色以及金属色成为众多设计师的选择，如20世纪60年代的太空风格时装便大量运用无彩色，近年来新型材料的涌现，材质表面的特殊光泽感，赋予其色彩的新型呈现，传递出脱离现实的虚幻和科技感。

五、中性风格的色彩效果

　　第一次世界大战后，香奈儿率先把当时男性用作内衣的毛织物用在女装中，设计出针织面料的男式女套装。20世纪60年代，圣·洛朗又推出男性化女装，宽大的垫肩，模仿男装的结构分割，使女装增加了硬朗、挺拔的力度感。外加女式裤装的逐渐普及，使女装呈现中性化趋势。女装从传统的与身体紧密结合的形式转为无性别的倾向——直而硬的线条，夸张的肩部，自由随意，帅气年轻。

　　中性风格除了女装男性化之外，男装借用女装的轮廓、工艺手法也成为中性风格的另一分支。男装开始出现新的外轮廓，收腰修身，纤细阴柔，通过注入女装的装饰细节体现新一代男性的优雅浪漫。

　　古弛（Gucci）2017年秋冬高级成衣秀场中，设计师米歇尔（Michele）为古弛推出首次混合男女装的时装发布会，会场中设计丰富、跳跃，装饰兼具印花与刺绣。这一季的男装用色更加鲜明、跳跃。此款服装运用了绿色搭配高明度的薄荷紫，并用鲜粉红色内搭，这些常用女装色彩被设计师大胆地用在男性着装上，以体现男性的敏感、多情以及文艺气息，如图7-55所示。

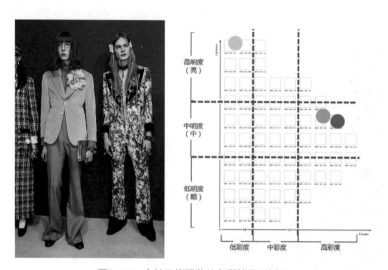

图7-55 中性风格服装的色彩效果示例 I

雅克·慕斯（Jacquemus）2016年秋冬时装秀场上，在夸张的肩膀的表现下，雅克·慕斯展示了一系列超级时髦的大衣，颜色采用了一贯作为男装用色的藏青色，冷静、内敛又富有力量感，搭配罗纹高领衫和局部高纯度的橘红色鞋子，形成了强烈的对比效果，如图7-56所示。

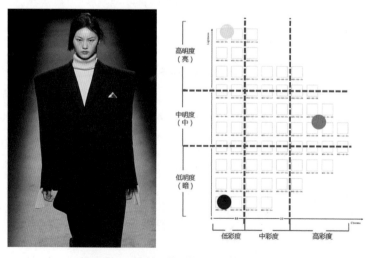

图7-56 中性风格服装的色彩效果示例 II

在色彩方面，男装开始选用女性色彩，使用高纯度色，如桃红色、翠绿色、亮紫色、橙红色、宝蓝色等，颠覆了传统认知中男性服装的低明度低纯度用色方案；相反，女装则采用低明度低纯度等稳重、内敛的服装用色，如藏青色、米色、深咖啡、深灰色及黑色等。

六、褴褛风格的色彩效果

1981年，川久保玲在巴黎第一次发布会就使她在大师云集的法国崭露头角。模特身穿仿佛是被战争炸成碎条的服装，奇异古怪的妆容、邋遢的发型，刻意丑化的外观，如此离经叛道的时装秀打破了时装表演的传统模式。这个系列一经发布，立即在时尚界掀起狂风巨浪，打破了当时主流时尚界对女性时装的一贯高雅端庄的审美倾向。这次"褴褛"时装的发布不仅颠覆了时尚界的传统审美观念，更是引发了人们对当时社会生存状况的反思。从此，"褴褛式"服装开始走上高级时装的舞台。

如图7-57所示，Comme des Garcons 2019年秋冬时装秀场中将"破"的设计手法运用于服装结构和造型上，呈现如被肢解般残破的服装风格，显示出脏、旧感觉的黑灰色系为主要色彩，拖沓与"不知所云"的离体造型为设计焦点。

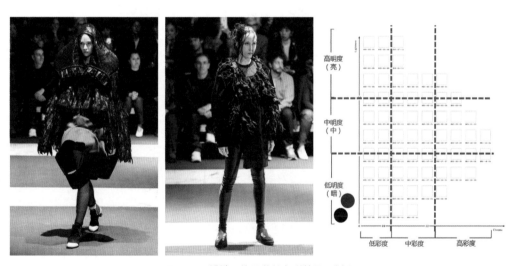

图7-57　褴褛风格服装的色彩效果示例Ⅰ

如图7-58所示，马丁·马吉拉2018年春夏系列以经典的双排扣风衣为基础，进行各种试验性解构设计，镂空、不规则剪裁等元素被运用其中，搭载不同材质的面料，营造出混搭的效果。色彩上在风衣常用的浅驼色基础上加入金属块面设计，有一种未来科技的凌乱感。

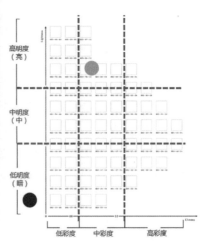

图7-58　褴褛风格服装的色彩效果示例Ⅱ

　　褴褛风格服装表现为刻意的立体化、破碎、不对称、不显露身材，在色彩选择上多采用无彩色以及低纯度、低明度的中性色彩，尤以黑色、深灰、卡其、棕色、橄榄绿、牛仔蓝这些色彩的应用最为广泛。

七、朋克风格的色彩效果

　　20世纪70年代的英国，继"嬉皮"之后，又一种另类反叛的潮流在人们瞠目结舌的目光中亮相了，它就是"朋克"。"朋克"是一种精神，也是一种时尚，朋克精神的灵魂在于"决不平凡，决不妥协，反传统，反主流"，表现出惊世骇俗、玩世不恭的态度。

　　英国时装设计师维维安·韦斯特伍德（Vivienne Westwood）用她女巫般的双手缔造了一个神话，让性感、颓废、颠覆性的街头潮流大摇大摆地登上了高级时装的T台。朋克的精髓在于彻底地破坏与重构，张扬与夸张，零碎破烂、不对称拼凑，炫丽金属，展现出一种另类的华丽之风。

　　韦斯特伍德（Westwood）2020年秋冬服装海报中的模特——黑色西装加上超短内搭及渔网丝袜延续其一贯自由颓废叛逆的形象，用朋克的经典元素如铆钉、金属链条和皮绳等这些较硬感的辅料来展现朋克独一无二的特点。新时代的朋克教母不再以单一纯粹的形式展现在众人眼前，与时俱进地展现新的潮流，如图7-59所示。

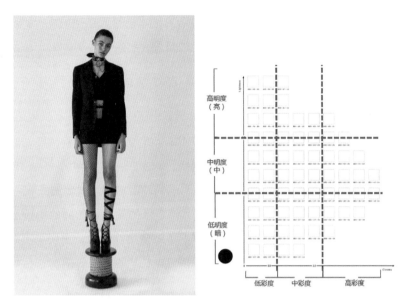

图7-59 朋克风格服装的色彩效果示例Ⅰ

2016年艾莉·萨博（Elie Saab）女装系列发布，以梦幻仙女裙制造者著称的艾莉·萨博在本季保持着一贯奢华女神风格，但是融入了更多新潮的朋克元素，大量蕾丝、编织、印花、流苏以及皮革相互碰撞交融，虽然也是长裙飘飘，但是铆钉金属、皮革腰带等元素的运用展现了帅气摩登感，色调上也没有了以前的女性化，以黑色为主导，配上大大的烟熏妆，全身上下散发出朋克式的不羁与潇洒，如图7-60所示。

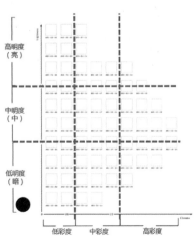

图7-60 朋克风格服装的色彩效果示例Ⅱ

朋克风格虽然元素众多且夸张，但是其展示的整体色彩风格是很统一的。朋克风格在色彩的运用上较固定，最常见的是红黑两色的搭配，再加上金属别针，金属链条，裤链等金属制品，使服装呈现粗犷的美感。

八、复古风格的色彩效果

或许是出于对前卫风格的厌倦，时尚总是不定期地缅怀那些曾经风靡一时的古老装扮。文艺复兴时期的轮状褶皱领，巨大的羊腿袖，胸衣，裙撑，褶涧……一切淡忘消退的样式都可以在复古潮流中复活，复古潮流是时尚的轮回，也是对传统的尊重。

华伦天奴2019年春夏高级定制时装秀场上，夸张的轮廓，华丽的裙摆与加高的腰节线，通过浓缩复古造型，归纳服装特点，摒弃了过多装饰元素，重现了巴洛克时期的服装结构，同时也改变了原有的装饰元素与服装造型的主次关系，更加符合现代服装的简洁统一，如图7-61所示。

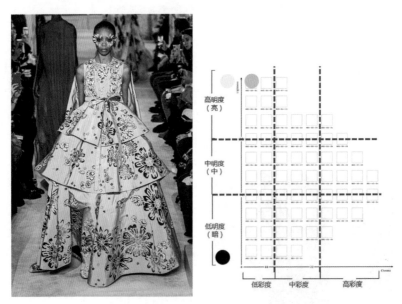

图7-61　复古风格服装的色彩效果示例 I

艾莉·萨博是一位近年来受到国际时尚界关注的黎巴嫩设计师，其作品宛如又一个华伦天奴，都是以奢华高贵、优雅迷人的晚礼服著称。在高级定制行业走向衰败的今天，艾莉·萨博的高级定制秀场却能够以一如既往的精致典雅赢得纷纷而来的客户订单。艾莉·萨博2019年春夏高级定制系列依旧是带有复古风格的奢华精美，性感的高开叉，浪漫又精致的印花，以及不规则亮片的点缀，都为华服带来琉璃般的光彩，如图7-62所示。

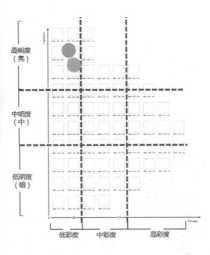

图7-62 复古风格服装的色彩效果示例Ⅱ

复古风格女装多用低纯度的色调来强化复古风格特征，给人以复古、怀旧、沉静的感觉，如温和的麻布色、白色带有古典感，钴蓝、群青、黑色带有历史沉淀感，而暗红色、酒红色有着高贵的优越感，都是现代复古风格女装常用的复古色彩，突出了女装的复古感觉。

在色彩搭配方法上，多采用同种色搭配、类似色搭配、有彩色与无彩色搭配等，相对稳定和谐，强烈视觉感的色彩搭配较少。曾经风靡于某时期的服装流行色也常被运用于现代复古风格女装中，为突出某一时期的复古女装风格起到重要作用，如洛可可时期善用粉色系，巴洛克时期善用金银色等。

九、民族风格的色彩效果

民族风格是时装的永恒主题。本民族文化的自然流露，异域民族风情的向往，设计师们给时装贴上了各个民族的标签。民族风格的时装在用色上会向本民族的传统用色倾斜，如我国地大物博、人口众多，有从亚热带、温带至寒带的地理气候，还有着五十五个少数民族。简单说，北方民族因寒季较长，服装用色偏深；南方民族因暖季较长，服装用色偏淡。具体到每个民族，还拥有自己的民族风格。例如，维吾尔族偏好绿色、玫瑰红、枣红、橘黄；傣族偏好白色、淡绿、淡红、淡黄、粉橘、浅蓝、浅紫等，如图7-63所示。

图7-63　民族风格服装的色彩效果示例

　　全世界各个民族和文化更是不同，西班牙民族及法兰西民族的热情奔放与明朗服色为人所熟知；北欧阴冷严酷的自然环境和宗教影响，导致日耳曼民族用色冷酷；印度浓妆艳抹的热带风情，古老中国文化的含蓄韵味，都吸引着广大设计师流连忘返表1。

表1　不同国家和民族颜色偏好一览表

国家和地区	喜爱的颜色
比利时	女孩爱蓝色，男孩爱粉红
爱尔兰	绿色及鲜明色
美国	鲜艳颜色
荷兰	橙色、蓝色代表国家并多用于节日
瑞士	红、橙、黄、蓝、绿、紫、红白相间的颜色
厄瓜多尔	凉爽的高原地区喜欢暗色，炎热的沿海地区喜欢白色和明暗间色
埃及	绿色

续表

国家和地区	喜爱的颜色
伊拉克	深蓝、红色
秘鲁	红、紫、黄
委内瑞拉	黄色
保加利亚	深绿色、不鲜艳的绿色和茶色
墨西哥	红、白、绿色
挪威	红、蓝、绿等鲜明色彩，与当地冬季长有关系
非洲	大陆地区受欧洲影响，偏远地区爱好鲜艳单色
法国	粉红色（少女服）、蓝色（男孩服），一般人爱黄色
希腊	白、蓝、黄
摩洛哥	喜欢稍暗的色彩
西印度群岛	明朗色彩
夏威夷	蓝、黄、绿
新加坡	红、绿、蓝
东南亚	各种鲜明色彩
巴基斯坦	绿、金、银、翡翠色及其他鲜艳色
土耳其	绿、白、绯红色及鲜明色彩
日本	黑色、红色、黑白相间
意大利	食品玩具喜欢用醒目鲜艳色、服装用低调淡雅色
德国	深浅奶黄色、咖啡色，南方喜爱鲜明色彩
中国	红、蓝色、白色

第五节 | 服装色彩与图案表现

色彩与面料在服装上的表现往往是密不可分的，面料是服装设计的基石，特别是花色面料的应用，更是服装色彩设计的重要元素，不同的图案带给服装不一样的风格感受，同样需要相应的色彩进行辅助表现。面料的花纹图案可以根据不同的题材及构图方式分类，这里选择一些富有代表性的图案造型用色进行介绍。

一、从图案的造型构成分类

1. 点

点有很强的节奏感，用点做装饰的图案能感受到强烈的韵律和动感，故而能带来轻巧、灵活、活泼、可爱等印象，与点这样的图形做搭配时，可以选择明快、鲜艳的颜色，正好与点的动感印象相吻合，如图7-64所示。

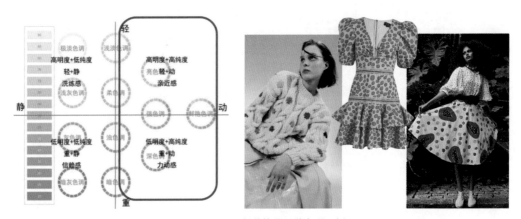

图7-64 用点做装饰的服装色彩示例

2. 线

线有粗细、直曲之分，特点也不尽相同，粗线感觉稳重而有力，让人联想到稳健挺拔的白杨，细线则纤细轻柔，如同弱柳扶风；直线紧张而锋利，曲线婉转而优雅。所以，粗线与直线适合力量感的颜色，细线与曲线适合轻柔、沉稳的颜色（图7-65）。

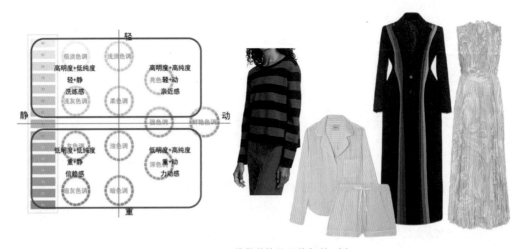

图7-65 用线做装饰的服装色彩示例

3. 面

面其实是很多种图形的统称，其中包括大家熟悉的圆形、三角形、四边形、五角形等。

其中，圆形给人的印象是完整的、柔和的、亲切的、滚动的、可爱的，所以可以用相应感受的色彩来表现，如第一、第四色域的颜色。

三角形是激烈的、新颖的、伸展的图形，底部稳定，顶部尖细，让人联想到向上、进步，高明度高纯度的暖色可使它更加富有动感。

五角形最典型的是星星，给人以闪烁、耀眼、快乐、天真的感受，高明度的五角形在服装上的使用带有青春朝气，同时又具有神秘感，如图7-66所示。

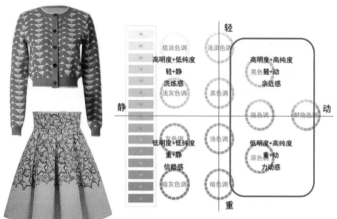

图7-66 用面做装饰的服装色彩示例

二、从图案的题材构成分类

1. 花卉、植物

花朵是由花萼、花蕊、花瓣和托叶几个部分组成的。这几个部分同时也是花朵图案的造型基础。花朵图案与服装整体的比例也要仔细斟酌。同时，花卉色彩的不同直接影响服装风格的表现。一些创意装会在传统的花卉色彩上进行变化，从而表现出独特的个性和艺术感，如图7-67所示。

具有代表性的植物图案纹样除了花卉外，还有枝叶、藤蔓、水果等，千变万化的植物图案装饰美化了服装，深受人们的青睐，如图7-68所示。

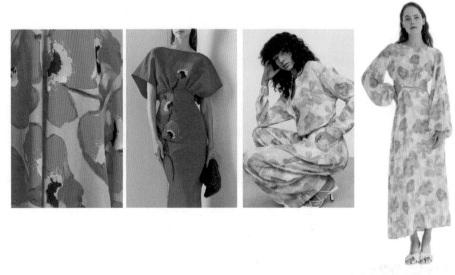

图7-67　花卉图案的服装色彩示例

关键图案

缤纷水果 水果 / 夏日 / 热带

设计师将可口的水果融入到服装之中，可口的热带水果，使人联想到了热情阳光的热带风情。水果图案以缤纷靓丽的色彩展现热情洋溢之感，打造甜美可爱的单品。

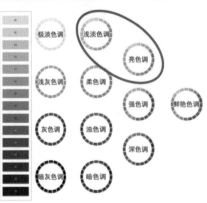

图7-68　其他植物图案的服装色彩示例

2. 动物

服饰图案设计中，动物造型随处可见。由于动物形象具有较强的现实意义，以某种动物形象出现的服饰便会带有一定的个性和感情色彩，因此采用动物造型图案的服装通常具有较强的趣味性和表现性。动物图案的色彩往往与现实动物一致，产生新颖、独特的视觉观感，如图7-69所示。

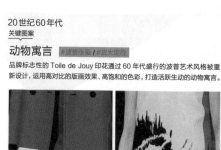

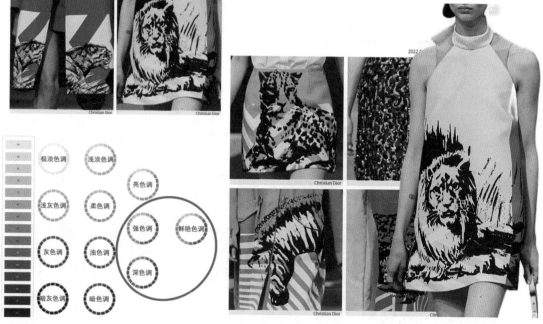

图7-69　动物图案的服装色彩示例

3. 兽皮纹

兽皮纹往往也采用正常的兽皮质感，配色的变化或夸张的配色处理可产生强烈的视觉冲击力，如图7-70所示。

图7-70 兽皮纹图案的服装色彩示例

4. 人物

人物造型是图案创作的重要题材之一。服装图案设计中采用的人物造型又从工艺手法上有了一定的创新，或刺绣、或珠绣、或彩印，各种手法相得益彰。在服装中，关于人物造型的服饰图案设计主要包括头部造型、全身造型、人体各部位的造型设计。

　　人物造型变化的风格、部位、手法都要与服饰相协调。有的服装采用人体某一部位进行设计，或直接将写实的人物应用到服装上，表现一种强烈的现实味道；有的服装将人物的造型进行图案化处理，并采用纯度较高的色彩填充，产生较浓厚的装饰味道，如图7-71所示。

图案应用

摩登人像 #人像元素 / #拼贴 / #艺术滤镜

人像元素通过照片、手绘、滤镜等组合，表现出多样的图案效果，呈现出多样的图案与服装工艺的运用。

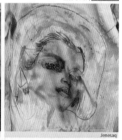

图7-71　人物图案的服装色彩示例

5. 器物

器物造型是指通过对生活中各种物品的形态进行艺术加工而形成的服饰图案造型。内容涵盖非常广泛，包括电子产品、日常用品、娱乐产品等。

将器物作为图案使用时，一般将器物平面化、图案化。利用器物造型作为服饰图案的装饰手法具有浓厚的趣味性，可以体现设计者想法的独特、新颖，如图7-72所示。

图7-72 器物图案的服装色彩示例

6. 景物

景物造型的服饰图案设计的内容较多采用建筑、自然风光等，如图7-73所示。

图7-73 景物图案的服装色彩示例

7. 文字

文字造型的服饰图案设计即通过对数字、字母、文字的变形进行图案的创作，如图7-74所示。

图7-74 文字图案的服装色彩示例

8. 几何抽象图案

几何抽象图案最具代表性的是点、线、面以及天文地理方面图像化的日、月、星辰、山、云纹等，使人感到神秘而原始，将其运用到服装上，可以产生脱离现实的梦幻感，此图案往往更注重图案的色彩设计，在未来风格服装及童装设计中多有运用，如图7-75所示。

图7-75　几何抽象图案的服装色彩示例

三、从图案的组织形式分类

1. 个体图案

个体图案是单独存在的，不受周围图案的影响，因此个体图案独立性强，并且可以单独表现某种寓意。根据图案的构成形式可以将个体图案分成对称式和均衡式两种，如图7-76所示。

2. 连续图案

连续图案指由一个或一组基本图案向四周有规律或无规律地扩展，形成较大面积纹样的图案构成，包括二方连续、四方连续和散乱连续，如图7-77所示。

图7-76 个体图案的服装色彩示例

图7-77　连续图案的服装色彩示例

参考文献

［1］李莉婷. 服装色彩设计［M］. 北京：中国纺织出版社，2011.

［2］黄元庆. 服装色彩学［M］. 北京：中国纺织出版社，2014.

［3］廖景丽. 色彩构成与实训［M］. 北京：中国纺织出版社，2018.

［4］中国流行色协会编写. 色彩搭配师［M］. 北京：中国劳动社会保障出版社，2014.

［5］宁芳国. 服装色彩搭配［M］. 北京：中国纺织出版社，2019.

［6］黄元庆、黄蔚. 服装色彩设计［M］. 上海：学林出版社，2012.

［7］梁景红. 写给大家看的色彩书——设计配色基础［M］. 北京：人民邮电出版社，
2019.

［8］南云治嘉. 数字色彩设计全能书［M］. 北京：中国青年出版社，2018.

［9］渡边安人. 色彩学基础与实践［M］. 北京：中国建筑工业出版社，2010.

服装色彩设计实践

一、基于色彩心理的配色练习——心目中的四季色彩

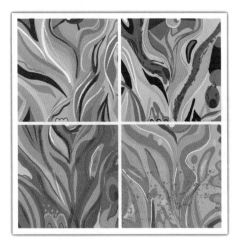

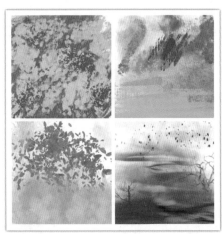

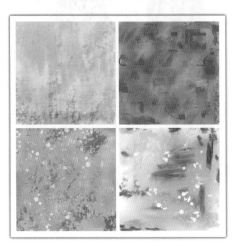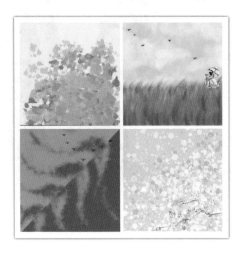

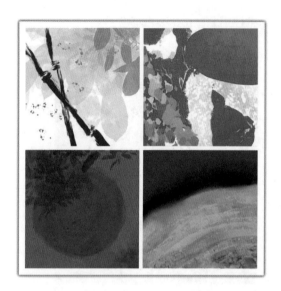

二、基于服装色彩设计原则的配色练习

1. 调和型配色

2. 对比型配色

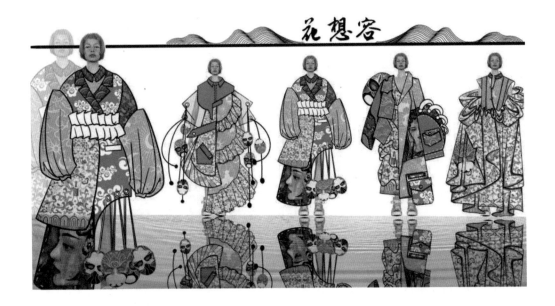

三、基于服装色彩设计方法的配色练习

1. 呼应的应用方法

2. 渐变的应用手法

3. 重点的应用手法

4. 阻隔的应用手法

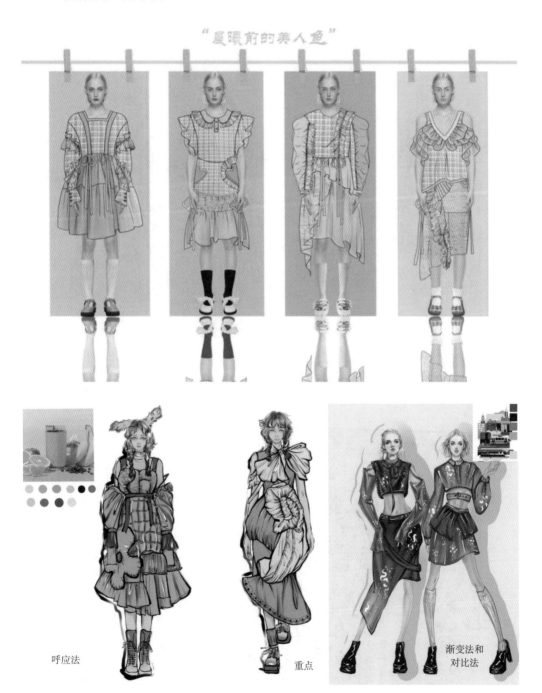

"晨曦前的美人鱼"

呼应法   重点   渐变法和
对比法

四、基于服装色彩设计内容的配色练习

1. 时装色彩设计

2. 礼服色彩设计

3. 童装色彩设计

4. 家居服色彩设计

5. 舞台表演服色彩设计